国家出版基金项目
NATIONAL PUBLICATION FOUNDATION

西部特殊地貌景观区
双频激电法方法及应用研究

柳建新　刘海飞　刘春明　曹创华 ◇ **著**

中南大学出版社
www.csupress.com.cn
·长沙·

内容简介 /

/ Introduction

　　本书针对西部特殊地貌景观区地形起伏大、温差变化大、接地条件差、难于开展地球物理勘探的特点，在西部特殊地貌景观区对双频激电法的理论与方法技术展开了实验研究。本书首先系统介绍了激发极化法的基本原理，重点论述了双频激电法及其特点，特别阐述了双频激电法的原理及其高效、轻便、高精度的特点，并选取甘肃祁连山、广西融安等高山、岩溶地区作为实验区开展双频激电法的应用研究，根据实验区的示范性勘探工作对双频激电法的野外工作设计、仪器优化和改进、数据处理和解释进行了系统性的研究，最终提出了一套适合我国西部特殊地貌景观区有色金属资源快速勘探的方法技术体系。本书可供从事地球物理专业的本科生、研究生和工程技术人员参考和借鉴。

作者简介

　　柳建新，中南大学教授，博士生导师。中南大学地球科学与信息物理学院副院长、新世纪百千万人才工程国家级人选、教育部新世纪优秀人才支撑计划获得者、湖南省"121"人才、中南大学"地质资源与地质工程"学科建设责任人、"有色资源与地质灾害探查"湖南省重点实验室主任、湖南省政协第十一届和第十二届常务委员，兼任国家自然科学基金委员会评审组成员、中国地球物理学会第十一届理事会副理事长、中国有色金属学会第七届理事会理事、中国有色金属工业协会专家委员会委员、"全国找矿突破战略行动"专家技术指导组专家、湖南省第三届知识分子联谊会副理事长、中南大学第二届知识分子联谊会理事长。长期从事矿产资源勘探、工程勘察领域的理论与应用研究，在深部隐伏矿产资源精确探测与定位、生产矿山深部地球物理立体填图、地球物理数据高分辨率处理与综合解释、工程地球物理勘察等方面具有深入研究并取得了大量研究成果。获国家技术发明二等奖1项、国家科技进步二等奖1项、国家科技进步三等奖1项，省部级科技进步一等奖7项、二等奖4项、三等奖2项。授权发明专利35项(其中PCT专利3项)、软件著作权14项。出版专著23部，发表论文300余篇，其中SCI、EI收录160余篇。

　　刘海飞，中南大学副教授，硕士生导师。自2007年在中南大学地球科学与信息物理学院工作至今，2014年4月至2015年4月在挪威科技大学访学。主要从事电磁法数值模拟与反演成像方面的教学和科研工作，主持完成国家自然科学基金面上项目2项，教育部博士点基金项目1项，湖南省自然科学基金1项，参与国家自然科学基金9项、863科技项目1项、中国地质调查局地调专项项目2项。获省部级成果奖4项，软件著作权10项，授权发明专利4项，出版专著2部，发表学术论文40余篇。

学术委员会
Academic Committee

国家出版基金项目
有色金属理论与技术前沿丛书

编辑出版委员会

Editorial and Publishing Committee

国家出版基金项目
有色金属理论与技术前沿丛书

总序

Preface

当今有色金属已成为决定一个国家经济、科学技术、国防建设等发展的重要物质基础，是提升国家综合实力和保障国家安全的关键性战略资源。作为有色金属生产第一大国，我国在有色金属研究领域，特别是在复杂低品位有色金属资源的开发与利用上取得了长足进展。

我国有色金属工业近30年来发展迅速，产量连年来居世界首位，有色金属科技在国民经济建设和现代化国防建设中发挥着越来越重要的作用。与此同时，有色金属资源短缺与国民经济发展需求之间的矛盾也日益突出，对国外资源的依赖程度逐年增加，严重影响我国国民经济的健康发展。

随着经济的发展，已探明的优质矿产资源接近枯竭，不仅使我国面临有色金属材料总量供应严重短缺的危机，而且因为"难探、难采、难选、难冶"的复杂低品位矿石资源或二次资源逐步成为主体原料后，对传统的地质、采矿、选矿、冶金、材料、加工、环境等科学技术提出了巨大挑战。资源的低质化将会使我国有色金属工业及相关产业面临生存竞争的危机。我国有色金属工业的发展迫切需要适应我国资源特点的新理论、新技术。系统完整、水平领先和相互融合的有色金属科技图书的出版，对于提高我国有色金属工业的自主创新能力，促进高效、低耗、无污染、综合利用有色金属资源的新理论与新技术的应用，确保我国有色金属产业的可持续发展，具有重大的推动作用。

作为国家出版基金资助的国家重大出版项目，"有色金属理论与技术前沿丛书"计划出版100种图书，涵盖材料、冶金、矿业、地学和机电等学科。丛书的作者荟萃了有色金属研究领域的院士、国家重大科研计划项目的首席科学家、长江学者特聘教授、国家杰出青年科学基金获得者、全国优秀博士论文奖获得者、国家重大人才计划入选者、有色金属大型研究院所及骨干企业的顶尖专家。

国家出版基金由国家设立，用于鼓励和支持优秀公益性出版项目，代表我国学术出版的最高水平。"有色金属理论与技术前沿丛书"瞄准有色金属研究发展前沿，把握国内外有色金属学科的最新动态，全面、及时、准确地反映有色金属科学与工程技术方面的新理论、新技术和新应用，发掘与采集极富价值的研究成果，具有很高的学术价值。

中南大学出版社长期倾力服务有色金属的图书出版，在"有色金属理论与技术前沿丛书"的策划与出版过程中做了大量极富成效的工作，大力推动了我国有色金属行业优秀科技著作的出版，对高等院校、研究院所及大中型企业的有色金属学科人才培养具有直接而重大的促进作用。

前言 /
Foreword

矿产资源特别是有色金属资源的供给是我国国民经济可持续发展的保证，随着中东部发达地区资源勘探程度的提高，中东部可供开采的资源日益枯竭，寻找西部、深部矿产资源已成为重要研究课题。由于我国西部特殊地貌景观区具有海拔高、地形复杂、交通不便、气候干燥、接地困难、早晚温差大等特点，对资源勘探技术及仪器设备提出了较高的要求。笔者从国民经济发展对矿产资源的需求出发，在系统分析、总结、研究对金属矿探测最有效的激发极化法特别是双频激电理论的基础上，从基本理论、观测技术、野外工作、仪器开发以及数据处理与解释等方面提出了一套适合西部特殊地貌景观区资源勘探特点的高效双频激电方法技术体系，并在西部地区应用中取得了很好的效果。本书主要研究工作如下：

在双频激电法的理论研究方面，系统阐述了西部特殊地貌景观区的特点，针对区域资源勘探的特点，对激发极化法特别是双频激电理论进行了系统的总结和研究，对双频电流变化对视幅频率的影响、双频激电的异常特征进行了系统的研究，并论证了双频激电法精度高、抗干扰能力强、电流影响小、观测装置轻便灵活、稳定性和一致性好、电磁耦合效应弱、非线性等特点。同时，对伪随机多频观测区分"矿与非矿异常"进行了卓有成效的研究。

在西部特殊地貌景观区双频激电仪的研制与改进方面，针对西部特殊地貌景观区恶劣条件对仪器稳定性与采集精度、工作效率与效果及仪器系统的功耗等提出的更高要求，对双频激电观测仪器进行了系统的优化改进，包括：高集成度、低功耗的中央处理单元优化；高密度、高速度和低功耗的逻辑转换单元优化；高电压、长循环寿命、放电电压平稳的电源单元优化；能多次编程、容量大、读写擦除快捷方便等储存单元优化；高电压、大电流、低发热的逆变单元优化以及易编程通用高级语言编程等。在上述优化的基础上研制了适合西部特殊地貌景观区的新型双频激电仪，新仪器系统具有多频组、高分辨率、高稳定性、数据自动贮存、温飘自动检测和改正、输入过压与输出过流保护、低功耗、智能化、安全性强等特点。

在激发极化法数据处理解释系统的研发方面，为了解决西部特殊地貌景观区地形起伏大、对视电阻率异常影响大的问题，从激电法的正反演理论出发，采用 VC++开发了基于 Windows 操作系统的带地形二维电阻率、幅频率联合反演解释系统。该系统具有建模简单、计算速度快的特点。应用案例表明，该系统能够抑制野外实际观测数据中的假异常，反演结果具有较高的分辨率，能真实反映地下矿体的异常信息和电性分布特征，为后期室内解释工作提供了更精细的地电结构信息。

双频激电法在西部特殊地貌景观区的应用研究方面，针对西部特殊地貌景观区高寒、早晚温差大、地形起伏严重、接地条件差、交通不便等特点，选择了甘肃祁连山、广西泗顶、青海都兰和新疆清河等地区开展了应用实验研究，以检验双频激电系统在恶劣条件下的稳定性、采集精度、工作效率、勘探效果及系统功耗等问题，围绕双频激电法在西部特殊地貌景观区的野外工作布置、数据采集与处理、异常特征与验证进行了系统研究，在提高工作效率、降低工作频率以减小电磁耦合等方面提出了改进方案。除此之外，采用三频相对相位参数，首次成功地区分了铅锌矿、硫铁为主的铅锌矿及寒武纪砂岩引起的异常，并采用双频激电微分测深法准确地确定了各异常源的埋深和厚度，与钻孔验证结果吻合。

通过对双频激电法在西部特殊地貌景观区的理论与方法技术的实验研究，最终提出了一套适合西部特殊地貌景观区资源勘探的方法技术体系，包括根据工作比例尺与观测装置类型、野外工作方法技术、仪器改进与完善、起伏地形电阻率与幅频率参数联合反演与解释技术以及多频相位参数识别"矿与非矿"理论与技术。到目前为止，本项研究成果已在全国300多个单位得到推广应用，取得了良好的应用成果。

本书的研究内容得到了国家自然科学基金重点项目(编号：42130810)和湖南省重点研发计划项目(编号：2020SK2058)的联合资助。本书的撰写得到了"有色资源与地质灾害探查"湖南省重点实验室的支持。本书的出版得到了国家出版基金项目的资助。另外，要特别感谢中南大学出版社刘小沛编辑给予的支持和帮助。

由于笔者水平所限，书中疏漏、片面之处恐亦难免，热忱欢迎读者批评指正。

作 者

2022 年 8 月

目录 / Contents

第 1 章　绪论

　　本章通过介绍西部特殊地貌景观区及矿产资源勘探领域常用的地球物理方法，简要总结了在西部特殊地貌景观区开展矿产资源勘探的意义，分析了已有地球物理勘探方法在西部特殊地貌景观区开展资源勘探的不足与局限性，阐述了开展西部特殊地貌景观区双频激电方法技术示范研究的内容和意义，最后介绍了本书的内容和结构。

1.1　问题的提出

　　矿产资源是社会发展的"粮食"和"血液"。据统计，我国 92% 以上的一次性能源、80% 以上的工业原材料、70% 以上的农业生产资料都来自矿产资源。随着我国国民经济建设的高速发展，预计今后 30 年将是中国历史上矿产资源需求最大、最集中的历史时期，因此保证矿产资源的稳定供应是国民经济可持续发展的基本条件。

　　然而我国矿产资源保障形势却不容乐观。据调查统计，21 世纪初，我国 45 种主要矿产的已探明储量仅能满足需求的 1/3。我国是有色金属资源大国，但是大宗有色金属资源并不理想，国内多数有色金属矿山已进入中晚期，可采储量急剧下降，面临着资源短缺的严重危机。据调查，我国 113 个大中型有色金属矿山中，探明资源枯竭型矿山占 56.6%，资源危机型矿山占 28.9%，后备资源有保证的矿山仅占 19.5%。矿产资源的不足已到了影响国家经济安全的严重程度，如近年来我国大量进口铜精矿等原料，导致全球原料紧张，价格上涨，对我国有色金属工业可持续发展构成严重威胁。按 2010 年预测的消费量，中国铜、铅、锌的资源储量只能满足 10~15 年需求。除非在此期间我们在地质勘探上有重大进展，否则矿产资源不足与需求增长的矛盾会越来越尖锐。

　　我国作为一个矿产资源消费大国，要解决矿产资源危机，只能走自给为主、进口为辅的道路，除了要在生产矿山深边部开展接替资源勘探外，重点要放在西部广大勘探程度低、成矿条件好、有望发现特大型矿产资源的地区。

　　我国西部地区地域辽阔、资源丰富。据自然资源部资料显示，我国目前已发现的矿产种类在西部均有发现。有 100 多种矿产探明有储量，潜在价值超过全国探明储量潜在价值的 50%。西部地区不仅资源丰富，而且勘查程度较低，西部地区每平方公里国土面积探明矿产储量潜在价值为 876.15 万元，低于全国平均水平和东中部地区水平，为全国平均水平的 85.40%、东部地区的 95.45%、中部地区的 64.34%，资源潜力巨大[1]。

随着国家西部大开发战略的实施，近年来西部资源勘探工作取得了重大突破，在东天山成矿带，发现了土屋—延东铜矿、维权铜矿等大中型矿床，提交铜资源量 426 万 t；在西南三江地区，发现了云南中甸普朗、德钦羊拉、思茅大平掌等一批大中型铜铅锌银多金属矿床，已提交资源量包括铜 340 余万 t、铅锌 1000 余万 t；滇西北中甸地区、红山—普朗地区是西南三江成矿带斑岩铜矿化富集区，已发现并初步估算铜资源量 250 万 t；在滇西兰坪白秧坪矿带，已控制资源量包括银 6090 t、铜 40 万 t、铅锌 38 万 t；在滇西南汀河地区，已控制铅锌资源量近 300 万 t；西藏东部昌都拉诺玛，估算铅锌资源量 200 万 t；雅鲁藏布江成矿区，初步控制资源量铜 700 多万 t……这些资源的获得，说明西部特殊地貌景观区具有良好的找矿前景，该地区将成为我国未来重要的矿产资源基地，也说明研究西部特殊地貌景观区勘探方法具有十分重要的意义。

统计表明，地球物理勘探已在上述地区的资源勘探中发挥了主要作用，有望在今后的西部资源勘探中发挥更为重要的作用。然而地球物理勘探方法甚多，涉及重、磁、电、震、放射性等类型，虽然以前各种方法在我国资源勘探中都有过不少成功的实例[2-5]，但对于西部特殊地貌景观区究竟应该合理选择哪些方法，工作效率和勘探效果怎样，仪器设备是否能满足要求，矿与非矿能否区分，都只有通过示范研究才能客观地作出结论，以供决策部门选择、推广。

本书是在中国地质调查局的组织下，鉴于我国矿产资源勘探的实际情况，为满足西部矿产资源开发对地球物理勘探技术的需求，针对西部特殊地貌景观区而开展的一项理论和应用性研究成果的总结。

1.2 西部特殊地貌景观区

本书所述西部特殊地貌景观区并非通常所讲的岩溶地貌、丹霞地貌、珠峰地貌、雅丹地貌、冰川地貌和瀑布等特殊地貌旅游景观区，而是指相对于中东部发达地区而言的西部海拔高、地形复杂、交通不便、气候干燥、接地困难、早晚温差大的地球物理勘探困难地区。考虑到研究的系统性，本书所述西部特殊地貌景观区还包括了岩溶地貌区(广西泗顶矿区)。

西部特殊地貌景观区由于海拔高、地形复杂而且切割厉害、气候条件恶劣，因而人烟稀少，大部分地区交通不便，汽车通行困难甚至根本无法通行，这决定了在这种地区开展地球物理勘探的设备必须轻便、易于携带、具有抗震防尘等特点。又由于这些地区通常气候干燥、早晚温差大、接地十分困难，且缺水导致接地条件难于改善[特别是在高海拔区(如西藏驱龙矿区)、强风化区],因此要求在这些特殊地区使用的仪器有更高的输入阻抗,并具有温飘自动校正的功能。另外由于地形地貌的特殊性,不可避免地会出现一定程度的"丢点"问题,为了满足解释的需要,就要对数据空白区进行最优插值处理研究。此外,需要研究带地形的二维反演方法,以便去除地形影响,得到客观的解释结果。

1.3　适合西部特殊地貌景观区的地球物理方法

前文已述,地球物理方法涉及重、磁、电、震、放射性等不同类型,各种方法在我国资源勘探中都有许多成功应用的实例,从方法原理上讲这些方法都能应用于西部特殊地貌景观区。其中重力、磁法勘探已由我国专业地球物理队伍进行了小比例的面积性工作,成果资料基本覆盖了我国国土面积,更大比例尺的扫面工作正在进行之中;地震法勘探主要应用于油气勘探和一定深度的固体矿产资源勘探;放射性勘探方法则主要用于勘探特殊矿种。考虑到方法的特殊性,本书对重、磁、震、放射性勘探方法不作赘述。本章简要总结了国内外常用的几种电(磁)法勘探方法在西部特殊地貌景观区开展矿体矿产资源勘探的可行性[6-18]。

1.3.1　大地电磁测深法

大地电磁测深法(MT 法)是 20 世纪 50 年代初由 A. N. Tikhonov 和 L. Cagnird 分别提出来的。20 世纪 60 年代以前该方法发展缓慢,70 年代以来张量阻抗分析方法的提出、远参考道方法的应用,以及现代数字化记录设备和现场实时处理系统的应用,使大地电磁测深法在全球得到了较快发展。该方法属于被动源法,测量天然电磁场的信号,通过计算得到频率–阻抗、频率–相位关系等一系列原始资料,再通过反演处理可以得到地下不同深度范围内的电性分布,进而达到寻找有一定电性差异的矿产资源的目的[2-4, 17]。

该方法作为固体矿产资源勘探方法有以下优点和不足:

(1)由于不需要人工场源,因而装置轻便,机动性好;

(2)观测参数多,可以从多个侧面提供地下构造信息;

(3)勘探深度大;

(4)信号微弱;

(5)勘探速度慢,工作成本高,不适于开展面积性工作。

因此该方法自 20 世纪 60 年代中期被引进以来主要用于油气资源的勘探,不适于西部地区开展固体矿产资源的勘探。

1.3.2　可控源音频大地电磁法

可控源音频大地电磁法(CSAMT 法)是加拿大多伦多大学的 D. W. Strangway 教授和他的研究生 Myron Goldtein 于 1971 年提出的。该方法针对天然电磁法场源的随机性、信号微弱以致观测十分困难的状况，采用可以控制的人工场源替代不能人为控制的天然场，变被动为主动。该方法在资料处理解释方面，援引大地电磁法(MT 法)的处理解释方法，随着该方法的逐步发展与成熟，针对非平面波场的特殊性和局限性，人们对诸如近场改正、阴影校正、静态改正、场源效应等方面进行了大量研究，力求方法的完美。经过几十年的发展，该方法已逐步成熟，现已成为我国生产矿山深边部接替资源勘探的重要方法[5, 6, 11]。

该方法作为固体矿产资源勘探方法有以下优点和不足：

(1)由于使用人工场源，因而装置笨重，机动性差；

(2)勘探深度大；

(3)工作效率高，成本低，可开展面积性工作；

(4)干扰因素多，如场源影响、阴影效应等。

基于上述情况，该方法同样不适于西部特殊地貌景观区开展固体矿产资源的勘探。在北京石槽坑铜矿的对比实验就已证实了这一结论。

1.3.3　瞬变电磁法

瞬变电磁法是利用人工场源在发射线圈加以脉冲电流，产生一个瞬变的电磁场，该电磁场垂直发射线圈向两个方向传播，通常是在地面布设发射线圈，依据半空间的传播原理，把地面以上的磁场忽略。磁场沿地表向深部传播，当遇到不同介质时，产生涡流场，当外加的瞬变磁场撤销后，这些涡流场释放产生能量。利用接收线圈测量接收感应电动势(俗称二次场)，该二次场包含了地下介质电性特征，通过种种解释手段(一维反演、视电阻率等)可以得出地下岩层的结构[2, 4, 16]。

由于采用线圈接收二次场，故对空间的电磁场或其他人文电磁场敏感，为了减少此类干扰，采用尽量大的发射电流，以获取最大的激励磁场，增加信噪比，抑制干扰。接收装置通常分为分离回线、中心回线和重叠回线三类，也可采用 LOTEM 测量方式和大定源线框方式。各种装置以重叠回线得到的信息最为完整，其他次之。

瞬变电磁法的解释通常分为两种：定性解释和定量解释。定性解释一般是观察测线多道剖面，通过多道剖面可以定性地看出地层的分布情况。由于该方法的特殊性，定量解释通常较为困难。目前一维反演是解释中最为常用的手段之一，解释中不但需要输入初始模型，还要进行地形改正和倾角校正。

由于瞬变电磁法通常采用大电流或布置大的回线,因此导线和电源设备均较为笨重,难以在西部特殊地貌景观区开展高效的工作,在地形起伏大、植被覆盖密的地区甚至无法工作。

1.3.4 EH-4电导率成像法

EH-4电导率成像法是由美国EMI电磁仪器公司与GEOMETRICS公司联合开发的STRATAGEM(TM)电磁系统发展起来的一种大地电磁法。该方法将人工可控源与天然场源结合起来,深部构造采用天然背景场源成像,其信息源的频率范围为$0.1 \sim n \times 100$ Hz,浅部构造则通过一个便携式低功率发射器发射$1 \sim 100$ kHz的高频人工电磁信号以弥补天然场源信号的不足,从而获得高分辨率的成像结果[2, 3, 16]。

与其他物探方法相比,EH-4电导率成像法具有以下一些特点:

(1)采用人工场源与天然场源共同作用的方式,人工场源弥补了天然场源在某些频段的不足,使该系统在10 Hz~100 kHz的范围内获得连续的有效信号,采集高密度的数据,提供丰富的地质信息;

(2)测量系统和发射装置都比较轻便,测量速度快;

(3)该方法具有较高的分辨率,为探测某些小的地质构造和区分电阻率差异不大的地层提供了可能性;

(4)该方法不受高阻覆盖层的影响,在玄武岩覆盖地区、基岩大面积出露地区,甚至在某些沙漠覆盖区,均能有效地探测地下深部地质信息;

(5)实时提供电磁场功率谱、振幅谱、视电阻率、相位、相关度、一维反演等信息,并可现场给出连续剖面(至少三个相邻测点)的拟二维反演结果,以便检查质量,确保野外资料可靠。

EH-4电导率成像法同时记录互相垂直的电磁场分量,计算阻抗张量,依此解释复杂的地质构造。由于该方法是MT与CSAMT的结合方法,在数据处理与解释以及野外工作方面与MT与CSAMT两种方法一样,有其优点和局限性,也难以在西部特殊地貌景观区开展高效的面积性工作。

1.3.5 双频激电法

双频激电法是由中南大学(原中南矿冶学院)何继善院士提出的一种频率域激电观测方法。其基本原理是通过发送机向地下同时供以包含高低两个不同频率信号的电流,接收机同时检测两个频率电流的极化特性。由于采用同时、实时观测方案,该方法具备轻便灵活、观测精度高等优点,设备重量大大减少,在同等精度条件下的装备重量是传统方法的$1/10 \sim 1/3$,因而可作为西部特殊地貌景观区高效面积性探测的方法技术。其基本原理和特点将在本书第3章进行系统的介绍和阐述。

1.3.6 幅频激电法

幅频激电法是由成都理工大学(原成都地质学院)邓祖棵副教授提出的一种频率域激电法,实际上仍是一种变频激电法,只是根据测量的参数是幅频率进行了新的命名而已[2, 3, 9-11]。该方法具有以下不足:

(1)仪器稳定性差;

(2)仪器功率小,一般供电电流不超过 100 mA,因而观测精度低、重复性差;

(3)装置轻便,仅用 5 号电池就能供电,但发送功率小,不利于提高数据精度。

从理论上讲该方法与双频激电法在轻便性上基本相同,区别是观测方式不同,因此数据精度、工作效率存在很大的差异。

从方法技术上讲该方法可以作为西部特殊地貌景观区资源勘探方法,但只能用于寻找浅部、弱干扰区的矿产资源。

1.3.7 时间域激电法

与频率域激电法一样,时间域激电法(也称直流激电法)也是以岩矿的激发极化效应差异为前提。工作时采用直流电流作为激发场源,通过测量断电后二次场的衰减特性,查明矿产资源和有关地质问题[12, 13, 15]。时间域激电法有如下特点:

(1)可以发现和研究浸染型矿体。当矿体的顶部或周围有矿化(或其他导电矿物矿化)的浸染晕存在时,可以发现规模较小或埋藏较深的矿体。

(2)观测结果受地形和其他因素(浮土加厚、找金属矿时含水断裂带的存在等)的影响较大。

(3)常见的黄铁矿化、石墨化、磁铁矿化或其他分散的金属矿化,同样可产生激电异常。

(4)目前主要用于普查硫化矿床、某些氧化物矿床、地下水,以及检查其他物化探异常,有时还用于探测石油天然气。

时间域激电法宜在下述地质条件的地区开展工作:

(1)地质条件比较简单、勘查对象与围岩和其他地质体之间具有较明显的极化效应差异的地区;

(2)地质条件比较复杂,但用综合物化探方法、地质方法能够大致区分异常的性质或能减少异常多解性的地区。

时间域激电法不宜在下述地区布置工作:

(1)地形切割剧烈、河网发育的地区;

(2)覆盖层厚度大、电阻率低(形成低电阻屏蔽干扰),无法保证观测可靠信号的地区；

（3）无法避免或无法消除工业游散电流干扰的地区。

在无干扰情况下，频率域激电法的观测异常幅度略小于时间域激电法的异常幅度。但从反映异常的角度，双频激电法、变频法、奇次谐波法和时间域激电法都是相当的，只是观测技术有所差异，因此理论上也略有不同。在存在干扰的情况下，时间域激电法受到严重影响，甚至无法正常工作。

1.4　本书内容与结构

本书内容主要围绕西部特殊地貌景观区双频激电法的方法及应用展开。首先系统介绍了激发极化法的基本原理，重点论述了双频激电法的原理及其高效、轻便、高精度的特点。针对西部特殊地貌景观区地形起伏大、温差变化大、接地条件差，难于开展地球物理勘探的特点，笔者提出了在西部特殊地貌景观区开展有色金属资源勘探面积性工作的双频激电法，根据实验区的示范性勘探工作，对双频激电法的野外工作设计、仪器优化和改进、数据处理和解释进行了系统性的研究，提出了一套适合我国西部特殊地貌景观区有色金属资源快速勘探的方法技术体系。全书内容及结构如下：

第 1 章　绪论。阐述了西部特殊地貌景观区资源勘探的特点和研究意义，对当前应用于特殊地貌景观区资源勘探的国内外电法勘探技术作了总结分析。

第 2 章　激发极化法的基本原理。系统地阐述了激发极化法的基本理论、发展历程等，重点介绍了激发极化法现象、电子导体与离子导体的激发极化机理、面极化与体极化特性、岩矿石极化率与其影响因素、交变电流场中岩（矿）石的激发极化现象、岩矿石极化率的测试等，为本书研究奠定了理论基础。

第 3 章　双频道激电观测方法及其特点。首先介绍了频率域激电法的观测方案、观测参数及各参数之间的相互关系。在此基础上系统阐述了双频激电法的基本原理，对双频激电法的振幅测量、相位测量以及频谱观测方式作了系统的论述。从理论和观测技术方面论述了双频电流变化对视幅频率的影响，得出了"与传统变频激电法相比，双频激电法电流变化对观测结果影响小"的结论。从理论计算、模型实验以及野外观测数据的对比三个方面对双频激电法的异常特征进行了详细的研究。最后对双频激电法的高精度同时观测、抗干扰能力强、电流影响小、观测装置轻便灵活、稳定性和一致性好、电磁耦合效应弱以及非线性等本质优点进行了系统的总结。同时，阐述了伪随机信号方案及三频相对相位区分矿与非矿异常的基本原理，以及其在矿与非矿异常区分中的成功应用。

第 4 章　适合西部特殊地貌景观区双频激电仪的研制与改进。首先阐述了原有 SQ 系列双频激电仪设计的基本原理与思想。针对西部特殊地貌景观区高寒、

早晚温差大、地形起伏严重、接地条件差、交通不便等恶劣条件下对仪器稳定性
与采集精度、工作效率与效果及仪器系统的功耗等提出了更高要求,对双频激电
观测仪器进行了系统的优化改进,包括:高集成度、低功耗的中央处理单元优化;
高密度、高速度和低功耗的逻辑转换单元优化;高电压、长循环寿命、放电电压
平稳的电源单元优化;可多次编程、容量大、读写擦除快捷方便等储存单元优化;
高电压、大电流、低发热的逆变单元优化以及易编程通用高级语言编程等。在上
述优化的基础上研制了适合西部特殊地貌景观区的新型双频激电仪,新仪器系统
具有多频组、高分辨率、高稳定性、数据自动贮存、温飘自动检测和改正、输入过
压与输出过流保护、低功耗、智能化、安全性强等功能。

第5章 激发极化法数据处理解释系统。为了解决西部特殊地貌景观区地形
起伏大、对视电阻率数据影响大的问题,从正演基本理论出发,采用有限元法,
提出了根据解释对象精细划分二维有限元网格的思路,开发了基于 Windows 操作
系统的带地形二维电阻率、幅频率联合反演系统。该系统具有建模简单、计算速
度快的特点。应用检验表明,该系统能够抑制野外实际观测数据中的假异常,反
演结果具有更高的分辨率,能真实反映地下矿体的异常信息和电性分布特征,为
后期室内解释工作提供了更精细的地电结构信息。

第6章 西部特殊地貌景观区双频激电法应用研究。为了检验双频激电系统
在西部特殊地貌景观区高寒、早晚温差大、地形起伏严重、接地条件差、交通不
便等恶劣条件下的稳定性、采集精度、工作效率、应用效果及仪器系统功耗等问
题,选择了祁连山地区、广西岩溶峰林地区作为实验区开展了示范研究。针对每
个地区的地质地球物理背景,围绕双频激电法在西部特殊地貌景观区的野外工作
布置、数据采集与处理、异常特征与验证进行了系统的应用研究,提出了双频激
电法的改进方案,如加大供电偶极子的长度以提高工作效率、降低工作频率以减
小电磁耦合等,对改进后的观测技术在实验区进行了系统实验,取得了理想的结
果。根据示范研究成果对双频激电仪提出了以下改进方案:采集数据自动贮存、
温飘自动检测和改正、仪器输入过压与输出过流保护、提高工作电压与电流等,
并将改进后的观测系统在西部特殊地貌景观区进行了推广应用,取得了理想结
果。在广西岩溶峰林地区利用三频相对相位参数,首次成功地区分了铅锌矿、硫
铁矿及寒武系砂岩引起的异常,采用双频激电微分测深法准确地确定了各异常源
的埋深和厚度,钻孔检验准确率达 100%。

第7章 西部特殊地貌景观区双频激电法应用研究成果与展望。对全书的主
要研究内容作了总结,并对需要进一步开展研究的问题进行了阐述。

第 2 章　激发极化法的基本原理

　　1920 年，法国科学家施伦贝尔在《电法勘探的研究》一文中第一次指出了激发极化响应，并取得了专利，1934 年美国韦斯才进行了激发极化实验，1934 年斯杰施罗斯进行了交流激电研究，1946 年纽蒙特勘探公司的布兰特(Brant)及其科研小组再次发现激发极化现象，1949 年 H. O. 赛吉尔(Seigel)在其博士论文中首次提出了"超电压"的概念，1950 年以后激发极化法开始应用于生产。在苏联，B. H. 达赫诺夫于 1935 年讨论了激发极化机制，1941 年将激发极化法用于找硫化矿，1957 年用于测井。法国于 1957—1959 年开展激发极化研究，并于 20 世纪 60 年代将激发极化法应用于找矿。我国地质部物化探研究所在张赛珍研究员的领导下，于 1957 年开展激电法研究工作，1960 年邀请 B. A. 柯玛罗夫来中国工作和讲学；1959 年冶金部地质研究所王敬尧教授结合我国条件研制了补偿式激发电位仪，该仪器通过在 20 多个省市使用，得到了有关部门的认定，1964 年我国自行设计研制的第一套补偿式激发电位仪正式投产，从此，激电法进入了成熟使用阶段[7, 8, 15, 17, 18-33]。

　　当时所开展的主要是时间域激电研究，由于研究程度不深，一时间出现了很多问题。进入 20 世纪 80 年代，国外交流激电研究已趋成熟并投入生产应用，国内开始重视交流激电的研究工作。中南矿冶学院 1975 年成为研究"变频仪"的中心[8, 18]，邀请了地质部、冶金部、化工部等部门参加仪器研究工作，其中广东省物探队研制的 BJ-76 型变频仪于 1976 年通过鉴定，并由上海地质仪器厂生产。中南矿冶学院针对变频仪的不足，于 1977 年提出双频激电理论，并开展深入的研究，于 1978 年初成功研制了第一台双频道幅频仪。经过几十年的发展，目前双频激电技术及仪器已十分成熟，在实际应用中取得了很好的找矿效果[8, 18]。

2.1　激发极化现象

　　在进行电阻率法测量时，人们常常发现：在向地下供入稳定电流的情况下，仍可观测到测量电极间的电位差是随时间变化(一般是变大)的，这一过程经过相当长时间(一般约几分钟)后趋于某一稳定的饱和值；在断开供电电流时，测量电极间的电位差在最初一瞬间下降很快，而后便随时间相对缓慢下降，并在相当长时间后(通常约几分钟)衰减接近于零。这种在充电和放电过程中产生随时间缓慢变化的附加电场现象称为激发极化效应(简称激电效应),它是岩、矿石及其所含水溶液在电流作用下所发生的复杂电化学过程的结果。激发极化法(简称激电法)是以不同岩、矿石激电效应的差异为物质基础,在人工电场作用下,通过观测和研究激发极化电场以达到找矿或解决其他地质问题的一种电法勘探方法(图2.1.1)。目前,该方法在我国应用广泛,并在寻找金属矿、煤田、油气田、地下水及解决工程地质问题中取得了较好的效果[12-14, 17-31]。

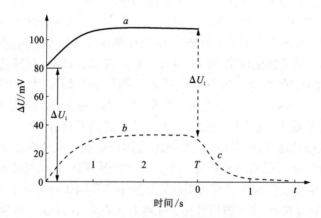

图 2.1.1　激发极化法原理图

2.2　岩、矿石激发极化机理

2.2.1　电子导体的激发极化机理

目前,国内外对电子导体(包括大多数金属矿和石墨及其矿化岩石)的激发极化机理意见比较一致[7, 8, 18],一般认为是电子导体与其周围溶液的界面上发生过电位(overvoltage)的结果。在电子导体与其周围溶液界面上自然形成的双电层电位差(电极电位)称为平衡电极电位,计为 $\Phi_\text{平}$[图2.2.1(a)];当有电流流过上述电子导体-溶液系统时,在电场的作用下,电子导体内部的电荷将重新分布:自由电子反电流方向移向电流流入端,形成"阳极"。与此同时,在周围溶液中也分别于电子导体的"阴极"和"阳极"处形成阳离子和阴离子的堆积,使自然形成的双电层发生变化[2.2.1(b)]。在一定的外电流作用下,"电极"(电子导体的阴极和阳极统称电极)和溶液界面上的双电层电位差 Φ 相对平衡电极电位 $\Phi_\text{平}$ 的变化,在电化学中称为"过电位"或"过电压",记为 $\Delta\Phi$。

过电位的产生与电流流过电极-溶液界面相伴随的一系列电化学反应(简称电极过程)的迟缓性有关。当电流于"阴极"从溶液流入电子导体时,溶液中的载流子(阳离子)要从电子导体表面获得电子,以实现电荷的传递;同样,当电流于"阳极"从电子导体流入溶液时,溶液中的载流子(阴离子)将释放电子(电子导体获得电子)。若此种电荷传递和相伴随的电化学反应(电极过程)的速度极快,则在电子导体和溶液之间电流可以"畅通无阻",此时便不会在界面两侧形成异性电荷的堆积,因而不会形成过电位;但实际上电极过程的速度有限,电子导体和溶液之间不是"畅通"的,故而形成过电位。随着通电时间的延续,界面两侧堆积的异性电荷将逐步增多,过电位随之增大;过电位的形成和增大将加速电极过程的进行,直到该过程的速度与外电流相适应,即流至界面的电流均能全部通过界面,因而不再堆积新电荷时过电位趋于某一饱和值,不再继续增大。这便是过电位的形成过程或充电过程。过电位的饱和值(以下简称过电位)与流过界面的电流密度有关,并随其增大而增大。

当外电流断开后,堆积在界面两侧的异性电荷将通过界面本身、电子导体内部和周围溶液放电[图 2.2.1(c)],使界面上的电荷分布逐渐恢复到正常的双电层;与此同时,过电位随时间延长逐步减小,直到最后消失。这就是过电位的放电过程。

除过电位外,电子导体的激电效应还可能与界面上发生的其他物理–化学过程有关。例如,当电流流过电子导体与溶液的界面时,"阴极"和"阳极"上的电解产物附着其上,将会形成具有电阻和电容性质的薄膜;同时电解产物还可能使"阴极"和"阳极"附近的溶液分别向还原和氧化溶液变化,因而形成类似于自然极化中的氧化–还原电场。

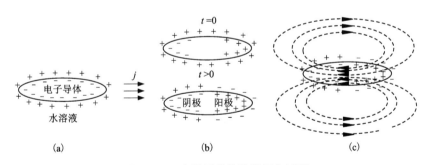

图 2.2.1　电子导体的激发极化过程

2.2.2　离子导体的激发极化机理

大量野外和室内观测资料表明,不含电子导体的一般岩石也可能产生较明显的激电效应。一般造岩矿物为固体电解质,属离子导体。关于离子导体的激发极化机理[7,8,18]，国内外提出的假说和争论均较电子导体的多，但大多认为岩石的激电效应与岩石颗粒及周围溶液界面上的双电层有关。主要的假设都是基于岩石颗粒-溶液界面上双电层的分散结构和分散区内存在可以沿界面移动的阳离子这一特点提出的。其中一个比较有代表性的假说便是双电层形变假说，即在外电流作用下，岩石颗粒表面双电层[图2.2.2(a)]分散区中的阳离子发生位移，形成双电层形变[图2.2.2(b)]；外电流断开后，堆积的离子放电并恢复到平衡状态[图2.2.2(c)]，因而可观测到激发极化电场。

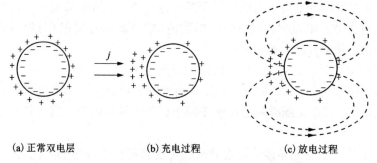

(a) 正常双电层　　　　(b) 充电过程　　　　(c) 放电过程

图2.2.2　岩石颗粒表面双电层形变形成激发极化

双电层形变形成的激发极化的速度和放电的快慢，取决于离子沿颗粒表面移动的速度和路径长短，因而较大的岩石颗粒将有较大的时间常数(即充电和放电较慢)。这就是用激电法寻找地下含水层的物性基础。

2.3　岩、矿石激发极化特性

2.3.1　面极化特性

为讨论致密金属矿和石墨的(面)极化特性，首先进行如下实验：在图2.3.1所示薄水槽中，放置待测的致密矿石标本，其上顶露出水面。通过位于薄水槽两端的板状电极 A 和 B 向水槽中供入稳定电流以在其中形成均匀稳定的电流场。标本在外电流激发下使电流流入端形成阴极，产生阴极极化；在电流流出端形成阳极，产生阳极极化。在标本一端的边缘及其附近的水溶液中分别放置测量电极 M 和 N，用毫伏计测量外电流场激发下标本与水溶液界面上的过电位 $\Delta\Phi$。

图2.3.2给出了石墨(a)黄铜矿(b)标本在不同外电流密度 j_0 激发下的阳极过电位 $\Delta\Phi_+$，从图中可以看出：

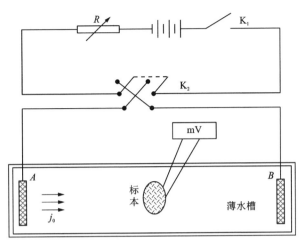

图 2.3.1　面极化特性的测量装置简图

（1）阳极极化与阴极极化电位不是相等的，不同矿物的极化优势有差别，观测到的 $\Delta\Phi_{MN}$ 是阴极极化电位与阳极极化电位之和。

（2）时间特性：石墨和黄铁矿过电位充、放电曲线的总趋势是相同的；j_0 越大，过电位达到饱和值的时间就越短；野外条件下（$j_0 < 1\ \mu A/cm^2$）充放电 2 min（甚至 5 min）均有可能不能达到饱和值或使放电至零。

（3）非线性：当激发电流密度 j_0 较大时（石墨 $j_0 \geqslant 40\ \mu A/cm^2$，黄铜矿 $j_0 \geqslant 5\ \mu A/cm^2$），不同电流密度的归一化过电位充、放电曲线互不相重，并且阳极和阴极过电位曲线彼此分开。这表明大电流密度激发下，过电位与电流密度不成正比，即为非线性关系。

对于石墨，当 j_0 由小到大时，开始阳极过电位大于阴极过电位（即阳极优势），继续增大电流密度和延长充电时间时，阳极过电位与阴极过电位逐渐变为均势，并进而变成阴极过电位大于阳极过电位（即阴极优势）。黄铜矿情况则不同，当电流密度由小到大时，阴、阳极过电位的关系总是阴极优势。

观测结果表明，黄铜矿的 $\left|\dfrac{\Delta\Phi_-}{\Delta\Phi_+}\right|_{max} \approx 2.5$，而石墨的 $\left|\dfrac{\Delta\Phi_-}{\Delta\Phi_+}\right|_{max} \approx 1.35$，这为非线性观测区分这两类矿物的激电异常提供了可能性。

实验资料还表明，在激电法勘探中通常采用的小电流密度（$j_0 < 1\ \mu A/cm^2$）条件下归一化过电位 $\Delta\Phi/j_0$ 不随电流密度大小变化，即过电位与电流呈线性关系。对于一定的充、放电时间（T，t），过电位 $\Delta\Phi$ 与垂直面极化体表面的电流密度法向分量 j_n 有如下正比关系：

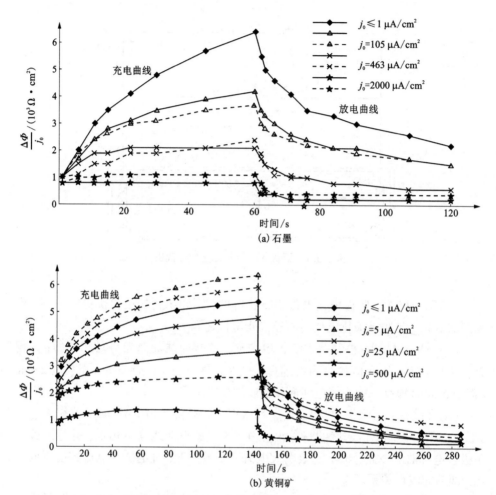

图 2.3.2　致密矿石标本阳极(实线)和阴极(虚线)过电位的充、放电曲线

$$\Delta\Phi = -k \cdot j_n \tag{2.3.1}$$

式中负号表示过电位增高的方向与电流方向相反；系数 k 为单位电流密度激发下形成的过电位值，是表征面极化特性的参数，称为面极化系数。从电学观点看，k 可理解为激电效应在电子导体−溶液界面上形成的面阻抗，单位为 $\Omega \cdot m^2$。

k 与充、放电时间及电子导体和周围溶液的性质有关。在不同条件下获得的各种电子导电矿物的实测数据表明，当长时间充电（$T \geqslant 60$ s）和短延时（$t \leqslant 1$ s）观测时，k 的范围为 $n \times 10^{-1} \sim n \times 10 \ \Omega \cdot m^2$。表 2.3.1 列出了在同样溶液和充、放电时间条件下，对不同矿物测得的 k 值，它表明这些金属矿物的激发极化性质由强变弱的顺序是：石墨、黄铜矿、磁铁矿、黄铁矿、方铅矿、磁黄铁矿。

表 2.3.1 几种矿物在 0.1 mol/L Na₂SO₄ 溶液中的面极化系数 k 值

$$(\text{pH}=7, j_0=1 \ \mu\text{A/cm}^2, T=60 \ \text{s}, t=0.5 \ \text{s})$$

矿物	石墨	黄铜矿	磁铁矿	黄铁矿	方铅矿	磁黄铁矿
$k/(\Omega \cdot \text{m}^2)$	14.1	10.0	9.9	7.5	2.5	0.4

表 2.3.2 列出了溶液浓度由小变大(电阻率相应变小)时,铜的面极化系数的变化情况。它表明 k 与溶液电阻率大致成正比减小。若引入系数:

$$\lambda = \frac{k}{\rho_{\text{水}}} = -\frac{\Delta \Phi}{E_n} \qquad (2.3.2)$$

则 λ 基本上不随溶液浓度变化,约为 1 m。可以将式(2.3.2)改写为与式(2.3.1)相似的形式:

$$\Delta \Phi = -\lambda \cdot E_n \qquad (2.3.3)$$

可见,过电位与界面溶液一侧的电场强度法向分量($E_n = j_n \cdot \rho_{\text{水}}$)成正比,$\lambda$ 为其比例系数,它等于单位外电场激发下的过电位值,故也可作为表征面极化特性的参数,有时也称 λ 为面极化系数,单位为 m。

表 2.3.2 当改变溶液浓度时,铜的面极化效应与溶液电阻率的关系

$\rho_{\text{水}}/(\Omega \cdot \text{m})$	$\Delta \Phi/\text{mV}(j=5 \ \mu\text{A/cm}^2)$	$k/(\Omega \cdot \text{m}^2)$	$E/(\text{V} \cdot \text{m}^{-1})$	λ/m
21.0	940	18.8	1.05	0.90
11.0	515	10.3	0.55	0.94
5.8	348	6.96	0.29	1.20
3.7	240	4.80	0.185	1.30
2.4	131	2.62	0.120	1.09

2.3.2 体极化特性

体极化是分布于整个极化体中的许多微小极化单元的极化效应的总和,故不能像研究面极化那样,用测量极化单元界面上的过电位来表征它的激电效应。为了考察体极化介质的激电效应,可以利用图 2.3.3(a)所示的测量装置。将待测的体极化标本置于盛有水溶液的长方体小盒中,标本与盆底和盆边之间用石蜡或橡皮泥绝缘,使标本两侧的水溶液被分隔开。在小盆两端各放一块小铜板 A 和 B 作供电电极,通过它们向盆内供入稳定电流。在标本两侧水溶液中紧靠标本处,放置不极化电极 M 和 N,用毫伏计观测电极间的电位差。图 2.3.3(b)是用这种装置对一块黄铁矿化岩石标本测得的电位差随时间的变化曲线。电位差随时间的变化,是由于激发极化产生的电位差 $\Delta U_2(T)$(简称二次电位差)在供电后从零开始逐渐变大(充电过程)及断电后二次电位差 $\Delta U_2(t)$ 逐渐衰减到零(放电过程)的结果。在无激电效应时,电流流过标本,由于欧姆电压降形成的电位差称为一次电位差 ΔU_1,它在稳定电流条件下不随时间变化。

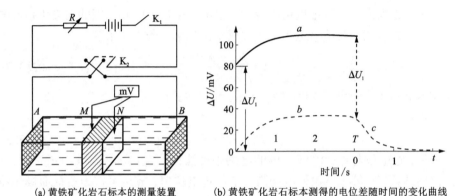

(a) 黄铁矿化岩石标本的测量装置　　(b) 黄铁矿化岩石标本测得的电位差随时间的变化曲线

a—实测 $\Delta U(T)$ 充电曲线;b—换算的 $\Delta U_2(T)$ 充电曲线;c—实测的 $\Delta U_2(t)$ 放电曲线。

图 2.3.3　测量体极化标本激电性质的装置

标本被激发极化后,供电时间为 T 时观测到的电位差实为 ΔU_1 和 $\Delta U_2(T)$ 之和,称为总场电位差。

$$\Delta U(T) = \Delta U_1 + \Delta U_2(T) \tag{2.3.4}$$

由于刚供电时($T=0$)二次电位差为零,$\Delta U_2(0) = 0$,故由式(2.3.4)有:

$$\Delta U(0) = \Delta U_1 \tag{2.3.5}$$

因而

$$\Delta U_2(T) = \Delta U(T) - \Delta U(0) \tag{2.3.6}$$

图 2.3.3(b)中的虚线 b,便是按式(2.3.6)换算出的 $\Delta U_2(T)$ 充电曲线。对比图 2.3.3 和图 2.3.2 可以看出,体极化的充、放电速度比面极化的快得多。

对侵染状矿石或矿化、石墨化岩石标本的实验观测结果表明:在相当大范围内改变供电电流 I(测量电极处电流密度高达 $100\ \mu A/cm^2$)时,在观测误差范围内 ΔU_2 与 I 成正比,且 $|\Delta U_2|$ 与供电方向无关。因此,在地面电法通常采用的电流密度范围内,体极化效应实际上是线性的。为此,引入一个称为极化率 $\eta(T, t)$ 的新参数,来表征体极化介质的激电性质,$\eta(T, t)$ 的计算公式为:

$$\eta(T,\ t) = \frac{\Delta U_2(T,\ t)}{\Delta U(T)} \times 100\% \tag{2.3.7}$$

式中的 $\Delta U_2(T, t)$ 是供电时间为 T 和断电后 t 时刻测得的二次电位差。极化率是用百分数表示的无量纲参数。由于 $\Delta U_2(T, t)$ 和 $\Delta U(T)$ 均与供电电流 I 成正比（线性关系），故极化率是与电流无关的常数。图 2.3.4 为不同岩矿石的极化率。

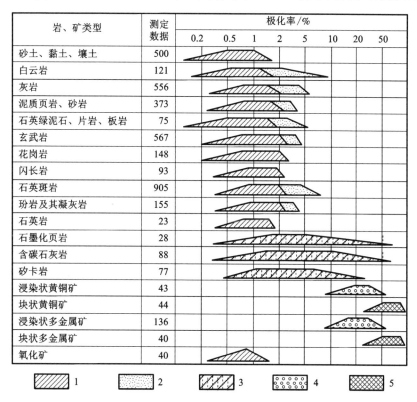

岩、矿类型	测定数据	极化率/%
		0.2　0.5　1　2　5　10　20　50
砂土、黏土、壤土	500	
白云岩	121	
灰岩	556	
泥质页岩、砂岩	373	
石英绿泥石、片岩、板岩	75	
玄武岩	567	
花岗岩	148	
闪长岩	93	
石英斑岩	905	
玢岩及其凝灰岩	155	
石英岩	23	
石墨化页岩	28	
含碳石灰岩	88	
矽卡岩	77	
浸染状黄铜矿	43	
块状黄铜矿	44	
浸染状多金属矿	136	
块状多金属矿	40	
氧化矿	40	

1—明显不含侵染状电子导体矿物的岩石；2—含侵染状硫化矿物的岩石；
3—石墨化矿物；4—侵染状硫化矿；5—块状硫化矿。
（图表中梯形下底边基线端点为极化率的极小、极大值，上顶基角位置是不同研究者得到的极化率平均值）

图 2.3.4　岩矿石的极化率图

2.3.3　影响岩、矿石极化率的因素

影响岩、矿石极化率的因素有电子导电矿物的含量、岩（矿）石的结构构造、溶液性质、浓度等。主要因素为电子导电矿物的含量和岩（矿）石的结构构造。

$$\eta = \frac{\beta \xi_y^m}{1 + \beta \xi_y^m} \tag{2.3.8}$$

同一类岩（矿）石中，β，m 为常数；ξ_y 为电子导电矿物的体积分数。不同结构构造岩（矿）石之间，β、m 变化范围很大（β 的范围为 $n \times 10^{-1} \sim n \times 10^2$，$m$ 的范围

为 0.3~3.6），平均值 $\beta = 2.6$，$m = 1$。

结构构造的影响表现为：①电子导体的颗粒度 ξ_y 不变时，颗粒越小，η 越大，这是表面积增加所致；②电子导体的形状和排列不同，即各向异性时，$\eta_\parallel > \eta_\perp$；③$\eta$ 一般随岩（矿）石的致密度上升而上升，不同岩（矿）石的极化率见图 2.3.4。

无矿化岩石的极化率很低，一般不超过 2%，充放电速度快。

2.4 交变电流场中岩（矿）石的激发极化特性

2.4.1 交变电流场中岩（矿）石的激发极化现象

激电效应也可在交变电流激发下，根据电场频率的变化观测到，称为"频率域"中的激电效应。可用上述标本测量装置测量结果说明，图 2.4.1 为逐次改变所供交变电流 $\tilde{I}$ 的频率 f（$\tilde{I}$ 为常数），测得的电极间交变电位 $\Delta \tilde{U}$ 和相位移 φ 随频率的变化曲线，即观测到的频率域的激电效应。

幅频曲线与时间特性有很好的对应关系。随着 f 从高到低，相应的单向供电持续时间 T（即半个周期 $1/f$）从零增大，激电效应增强，总场电位差值 $|\Delta U(f)|$ 随之变大，$f \to 0$ 时，$T = 1/(2f) \to \infty$，$|\Delta U(f)|$ 趋于饱和值。对于极限情况，时间域和频率域总场电位差之间有如下准关系：

$$\left. |\Delta \tilde{U}(f)| \right|_{f \to \infty} = \Delta U(T)_{T \to 0}$$
$$\left. |\Delta \tilde{U}(f)| \right|_{f \to 0} = \Delta U(T)_{T \to \infty} \tag{2.4.1}$$

相频曲线：总场 $\Delta \tilde{U}$ 相对于供电电流 $\tilde{I}$ 的相位移 φ 随频率变化的曲线特点是各个频率上的 φ 皆为负值（电位差的相位落后于供电电流）。这表明激电效应引起的阻抗具有容抗性质。

当 $f \to \infty$ 或 $f \to 0$ 时，$\varphi \to 0$，而中频频率有一极值。这是因为 $f \to \infty$ 时，总场等于一次场，故无相位移。$f \to 0$ 时，相当于 T 很大，激电已饱和，这时二次场虽然最大，但其与电流"同步"，故总场相位移也为零，即 φ 是振幅的微分所致。不同矿物的幅频和相频曲线不同。

在电法勘探野外工作中的电流密度条件下，$\Delta \tilde{U}$ 与 $\tilde{I}$ 呈线性关系。因此，将总场电位差 $\Delta \tilde{U}$ 对电流 $\tilde{I}$ 和装置作归一化，可计算与电流大小无关的交流电阻率：

$$\tilde{\rho} = K \cdot \frac{\Delta \tilde{U}}{\tilde{I}} \tag{2.4.2}$$

式中 K 为装置系数；$\Delta \tilde{U}$ 随频率变化，且一般 $\Delta \tilde{U}$ 与 $\tilde{I}$ 之间有相位移，所以 $\tilde{\rho}$ 是频率 f（或角频率 $\omega = 2\pi f$）的复变函数，故称交流电阻率 $\tilde{\rho}$ 为复电阻率，记为 $\rho(i\omega)$ 或 $\rho(f)$。

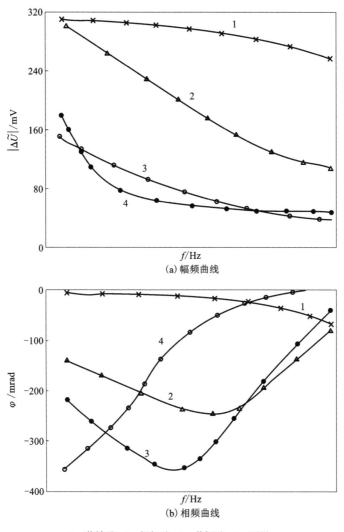

（a）幅频曲线

（b）相频曲线

1—黄铁矿；2—辉钼矿；3—黄铜矿；4—石墨。

图 2.4.1　几种矿石标本上测得的频率特性曲线

2.4.2　描述交流激发极化效应的参数

视幅频率：

$$F_s(f_L, f_h) = \frac{\Delta U_L - \Delta U_h}{\Delta U_h} \times 100\% \qquad (2.4.3)$$

也称为频散率或百分频率效应。

为了考察幅频率 F 与极化率 η 的对应关系，取交流激电观测中的两个极限频

率 $f_L \to 0$ 和 $f_h \to \infty$；同时在直流激电观测中采用无限长时间供电，并在断电前一瞬间观测：

总场电位差：$\Delta U(T)\big|_{T \to \infty}$，$\Delta U_2(T)\big|_{T \to 0}$

极限幅频率：$F_{极限} = \dfrac{\Delta U_L\big|_{f \to 0} - \Delta U_h\big|_{f \to \infty}}{\Delta U_h\big|_{f \to \infty}} = \dfrac{\Delta U(T)\big|_{T \to \infty} - \Delta U(0)}{\Delta U(0)} = \eta^0$

$$F_{极限} = \eta^0 \approx \eta$$

表明 F 与 η 基本相等。

本章从矿物结构出发，引入了面极化和体极化概念，介绍了激发极化效应产生的机理和影响因素，定义了描述激发极化效应大小的极化率和幅频率。通过上述分析可以看出，金属硫化矿均存在明显的激电效应，用激电法寻找金属硫化矿可以取得较好的效果，极化率和幅频率是等效的。

第 3 章　双频道激电观测方法及其特点

3.1　频率域激电的观测方案

频率域激发极化法中，主要观测参数为视幅频率 F_s 和视电阻率 ρ_s，测量大地系统对不同频率激励的响应并计算视幅频率、视电阻率或相位[7, 8, 15, 17, 33, 34]。

目前较常用的观测方案有四种：变频观测方案、奇次谐波方案、双频道观测方案和伪随机信号方案。

3.1.1　变频观测方案

长期以来，国内外频率域激电都采用变频观测方案进行幅频率的测量。变频法是 J. Wait 在 1950 年提出的，他首次成功进行了频率域激电的野外试验[8, 15, 18]。

变频观测方案是在同一测点上，改变激励电流的频率，并分别测量各个频率的大地响应电位差，计算视幅频率(国外文献中称为百分频率效应)，即利用两种频率的响应电位的差值来表征激发极化现象，故称变频法。该方案的优点是野外的接收、发送装置较为简单。图 3.1.1 是变频观测方案的示意图。

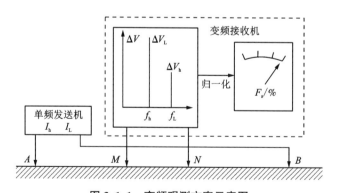

图 3.1.1　变频观测方案示意图

变频观测方案中，发送机必须分别发送两个不同频率的电流，接收机分别测量两个频率的电位差，然后计算或用表头直读视幅频率 F_s。

在野外，变频法是这样工作的：在每一个测点上，发送机先发送高频电流，此时接收机观测高频电位差 ΔV_h，并且调节接收机的增益，不论 ΔV_h 的大小如何，都使其输出保持为某一数值。这一过程称为"归一化"，将归一化后的 ΔV_h 作为1。接收机完成归一化测量后，通知发送机发送低频电流。发送机必须保持低频电流和高频电流强度相同。接收机在保持其增益不变的情况下测量低频电位差 ΔV_L。此时 ΔV_L 相对于 ΔV_h 的改变量即为视幅频率。可以用下式计算：

$$F_s = \frac{\Delta V_L - \Delta V_h}{\Delta V_h} \times 100\%$$

(3.1.1)

如需计算第二对、第三对……视幅频率 F_s，则必须重复上述步骤。

变频仪是用来进行变频观测的仪器。如 20 世纪 70 年代初期，加拿大生产的 P660 和 P670 频率域激电仪、美国生产的 Mark-4 频率域激电仪、我国上海地质仪器厂生产的 DBJ-1 变频仪以及我国其他单位试制的变频仪器都属于变频观测方案的仪器。随着地质仪器向微机化、智能化方向发展，频率域激电仪的质量、达到的技术指标等已有了很大的提高，但核心的观测方案有的仍然采用变频方案，如美国亨泰克公司的 Mark-4 频率域激电仪在测量视幅频率时仍采用了变频方案。

3.1.2　奇次谐波方案

在变频方案中，原则上可以采用正弦波电流。但在野外观测中，为了使观测信号有一定强度，要求有较大的激励电流。发送大功率的正弦电流在技术上存在许多困难，因而实际是发送矩形波。变频仪的接收机采用双通道，同时接收基波和 3 次谐波，分别测量基波和 3 次谐波的振幅和两者之间的相对相位[8, 15, 18]。

图 3.1.2 是一种简单的奇次谐波观测方案示意图。发送机发送某一频率的方波电流，接收机的两个通道分别同时接收基波和 3 次谐波的振幅。在这里基波作为低频，3 次谐波作为高频。由于 3 次谐波的振幅为基波振幅的 1/3，因而采用下式计算视幅频率：

$$F_s = \frac{\Delta V_1 - 3\Delta V_3}{3\Delta V_3} \times 100\%$$

(3.1.2)

式中 ΔV_1 和 ΔV_3 分别表示基波和 3 次谐波的振幅。

IPRF-2 仪器中，将基波 3 倍频后再与 3 次谐波比较相位：

$$\Delta \varphi_{1-3} = 3\varphi_1 - \varphi_3$$

(3.1.3)

式中 φ_1 和 φ_3 分别为基波和 3 次谐波相对于矩形电流波形的相位差。

原则上，IPRF-2 仪器也可利用 5 次或更高次谐波，但限于技术原因，谐波次数越多，信号越弱，故该仪器只利用了 3 次谐波。

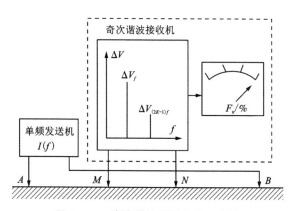

图 3.1.2　奇次谐波观测方案示意图

K.L.Zonge 对奇次谐波方案作了进一步研究[8-11, 15, 18]。他强调视电阻率的复数性质，并实际观测复电阻率(complex resistivity)谱，简称 CR 法。发送机采用矩形波电流供电，接收机同时测量基波和 3、5、7、9、11 次谐波。11 次谐波的采用提供了与下一个基频接近的频率，这样就能够检验数据是否呈线性。Zonge 研制的 GDP 系列多功能综合地球物理数据采集系统的 CR 测量中，可改变矩形波频率 3 次，从而得到 0.125~88 Hz 的复电阻率谱(表 3.1.1)。

表 3.1.1　最新的 CR 系统测量频率(据 K. L. Zonge)

基波频率/Hz	0.125	1	8
3 次谐波频率/Hz	0.375	3	24
5 次谐波频率/Hz	0.625	5	40
7 次谐波频率/Hz	0.875	7	56
9 次谐波频率/Hz	1.125	9	72
11 次谐波频率/Hz	1.375	11	88

3.1.3　双频道观测方案

中南大学[8, 18, 33-35]自 1972 年开始研究双频道观测方案。如图 3.1.3 所示，除发送机同时发送两种频率的矩形电流波外，接收机采用双通道同时接收双频信号，并自动计算和显示视幅频率和高频或低频电位差的振幅、相位以及实部、虚部分量。工作时采用的基本频率对为 0.3 Hz 和 3.9 Hz，必要时也可采用其他频率对。本方案的关键是提供双频电流并同时观测双频响应。

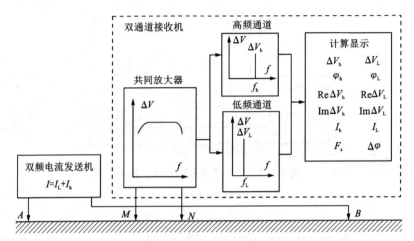

图 3.1.3　双频道观测方案示意图

S_1 和 S_2 型双频道数字激电仪是采用双频道观测方案的频率域激电仪。该仪器已在全国(除台湾地区外)30 多个省、自治区、直辖市的多个地区推广应用，取得了良好的应用效果和社会经济效益。

双频接收机的功能主要包括以下部分：①同通道将高频和低频电位差同时放大；②选通道将放大后的信号分选出高频电位差和低频电位差；③计算显示部分。根据需要，可以计算和显示出下列所有参数或部分参数(表 3.1.2)：

表 3.1.2　双频接收机可计算和显示的参数

高频振幅 $\lvert \Delta V_h \rvert$	低频振幅 $\lvert \Delta V_L \rvert$
高频相位 φ_h	低频相位 φ_L
高频实分量 $\mathrm{Re}\Delta V_h$	低频实分量 $\mathrm{Re}\Delta V_L$
高频虚分量 $\mathrm{Im}\Delta V_h$	低频虚分量 $\mathrm{Im}\Delta V_L$
视幅频率 F_s	高、低频相对相位差 $\Delta\varphi$

任何勘探方法都必须同时考虑地质效果和勘探成本。双频激电法在这两方面有明显的优越性，它可以用较低的成本获取较多的地质信息。根据实际地质情况和勘探任务，可以采用下列一种或几种观测方法：

（1）幅-频测量：以测量高、低频振幅为基础，如图 3.1.4(a)所示，同时测量高、低频电位差的幅值 $\Delta V_{\rm h}$ 和 $\Delta V_{\rm L}$，并计算视幅频率 $F_{\rm s}$：

$$F_{\rm s} = \frac{\Delta V_{\rm L} - \Delta V_{\rm h}}{\Delta V_{\rm h}} \times 100\% \qquad (3.1.4)$$

这种观测方法轻便、观测速度快、信噪比高、精度高，可以作为普查勘探的基本方法。

（2）幅-相位测量：除了同时测量双频振幅之外，还同时测量双频相位。在发现 $F_{\rm s}$ 异常的基础上，根据双频相位的相对大小，可以一级近似地估计地下极化体时间常数(τ)的范围[具体见图 3.1.4(b)]：

①若 $\varphi_{\rm L} > \varphi_{\rm h}$，则 τ 值大；

②若 $\varphi_{\rm L} \approx \varphi_h$，则 τ 值中等；

③若 $\varphi_{\rm L} < \varphi_h$，则 τ 值小。

根据这三种情况，判断 τ 的范围，从而预测地下极化体的性质。图 3.1.5 是一组实验结果示意图。从图中可见，磁黄铁矿和石墨都可引起视幅频率 $F_{\rm s}$ 异常。所以仅仅根据 $F_{\rm s}$ 曲线不能区分二者。然而，双频相位测量可以提供新的信息。图 3.1.5(a)中，在磁黄铁矿上方，$\varphi_{\rm L} < \varphi_{\rm h}$；图 3.1.5(b)中，在石墨上方，$\varphi_{\rm L} > \varphi_{\rm h}$；图 3.1.5(c)中，磁黄铁矿和石墨同时存在，二者上方仍存在 $\varphi_{\rm h}$ 和 $\varphi_{\rm L}$ 的相对关系。这就说明，同时观测双频相位，可以提供区分金属硫化矿和碳质岩石的信息，而这是在不增加野外工作量的情况下取得的。由双频相位的相对关系也可判断进一步的频谱测量是否必要，从而降低勘探成本。

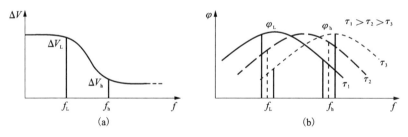

图 3.1.4　双频道振幅测量(a)和相位测量(b)示意图

（3）频谱测量：为详细研究异常，了解地下极化体的性质，除了双频道相位测量(在普查阶段即可获得一定的详查信息)外，还可利用多参数、双频道频谱测量。F-1 型多参数、双频道数字频谱激电仪便是一种轻便、快速的详查型频率域激电仪。它采用多组双频道测量，组合成频谱资料。测量中除提供振幅、相位、实部分量、虚部分量外，还可获得自然电位资料。F-1 型频谱激电仪可以向地下提供 8 对供电频率(见表 3.1.3)，组成从 0.25/13~32 Hz 的频谱测量。测量中可

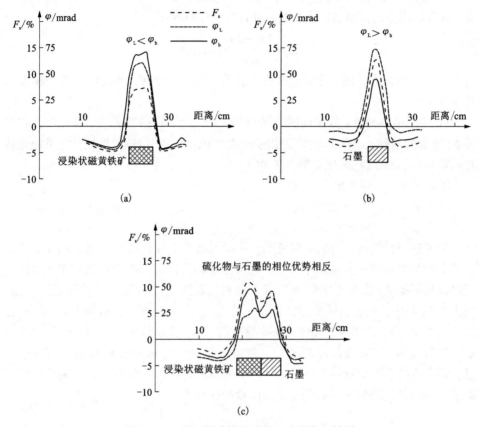

图 3.1.5 用双频道相位测量区分异常源性质

选择 9 分频或 13 分频。

表 3.1.3 F-1 型频谱激电仪发送机供电频率

频组	9 分频 f_L/Hz	13 分频 f_L/Hz	f_h/Hz	频组	9 分频 f_L/Hz	13 分频 f_L/Hz	f_h/Hz
1	32/9	32/13	32	5	2/9	2/13	2
2	16/9	16/13	16	6	1/9	1/13	1
3	8/9	8/13	8	7	0.5/9	0.5/13	0.5
4	4/9	4/13	4	8	0.25/9	0.25/13	0.25

F-1 型频谱激电仪既可采用多对频率用于详查异常阶段，也可采用一对频率

用于普查阶段以发现激电异常。

双频道频谱测量的主要优点是激励和响应的频谱范围宽广，获得的信息丰富，而且快速、相对精度高。此外，频谱测量还有利于发现激发极化的非线性现象，为分辨异常提供补充信息。

3.1.4　伪随机信号方案

伪随机信号方案[36-42]是在双频道观测方案的基础上于 20 世纪 80 年代初期提出的。通常所说的随机信号是一种任意编码的序列，其描述必须采用多种统计特征量。本书所述的伪随机信号则是按一定的数学规律将不同的信号合成、编码的序列，它看起来好像随机信号，实质上仍具有某种规律。

碳质岩石是勘探金属硫化矿中一个非常严重的干扰源，它与金属硫化矿一样在激电法中存在高极化低电阻现象，如何把碳质岩石与金属硫化矿区分开，一直困扰着金属矿勘探领域的研究与应用人员[5, 32]。

采用 2^n 系列伪随机信号的伪随机多频电磁法观测系统利用同一组包含不同频率的相位特征，可以区分引起激电异常的异常源性质，这一特性能很好地区分野外勘探中出现的高极化低电阻现象是由碳质岩石还是由金属硫化矿引起的。

在频率域激电或电磁测深中，要求发送机向地下提供按伪随机信号方案编码的矩形电流波，接收机同时测量伪随机信号在大地中的主要谐波(有一定幅值的)响应。因此，对这种伪随机信号的要求是：①它能包含多种频率的正弦波，且各种频率正弦波的振幅要大致相同。②每种频率电流的幅度尽可能大。③各种频率电流间的相位关系要尽可能简单。这一要求的目的是提取最佳供电波形，既能同时提供多频的激励信号，又能有最好的电源利用率，使供电设备不致太笨重。④各频率成分的频差不能太小，这一方面可保证观测的异常有足够的幅度，另一方面使各种频率的成分相互间干扰减小。⑤各种频率成分间的频差不能太大，这可以减小高频波的感应耦合并提高观测速度。这些要求是相互矛盾的，不可能同时满足，必须根据实际情况作出最佳选择，找出最佳的伪随机信号方案。伪随机信号的主要谐波丰富，频带较宽，是频谱测量或详查异常的较好方法。

双频道观测方案就是仅含两个主频率的最简单的伪随机信号方案。

加拿大麦克法尔公司在 20 世纪 60 年代曾经生产过一种同时发送两种频率矩形波的发送机[8, 18]，型号为 P-650，采用的频率对是 0.3 Hz 和 5 Hz，但 P-650 型发送机只采用双频供电，测量仍然是高、低频分开进行。因此 P-650 型发送机并没有采用伪随机方案。且由于当时没有能很好地克服这样做所造成的假频率效应，以至放弃了双频供电方案，之后生产的 P-660 型、P-670 型等发送机又采用了变频方案。

3.1.5 伪随机三频相对相位区分异常源性质

随着激电法应用工作的深入，野外采集的数据不断增加，人们对数据的解释和认识也不断深入，传统的测量绝对相位谱的方法所测数据精度低，难以区分本来就差异不大的异常源性质，不能满足实际应用的需要，为此我们提出了伪随机多频激电相对相位观测方法和异常区分技术（三频只是其中最简单的一种）。

虽然激电法是勘查硫化物型金属矿的有效方法，但由于非勘查目标引起的假激电异常（如金属矿勘探中碳质岩层引起的激电异常）影响，激电法的勘探效果大大降低，如何在普查阶段对异常源性质进行判断，进而区分矿与非矿是金属矿地球物理工作者一项长期的研究工作。以前人们采用变频观测，期望观测到可靠的绝对相位谱并以此寻求突破，遗憾的是变频法中的不同频率相位是在不同时间观测得到的，所受的干扰大不相同，因而要对随频率变化本来就不大的受干扰的相位进行异常源性质的区分显然难以实现。

自20世纪70年代以来，国内外研究人员都做了一些野外试验工作，然而在实际工作中，相位测量存在很大困难，除了干扰大、精度低以外，还因为低频时工作效率低，要测量一条完整的相位谱曲线费用太高，而高频时感应耦合突出，相位很难测准。因此几十年来，频谱激电法并没有发展成为一种常规实用的激电测量方法。

伪随机多频激电法因多个频率的观测一次性完成，解决了上述问题，可以高效、快速、高精度地进行频谱测量，因此为实际应用中区分激电异常源的性质提供了可能。理论研究证明，根据岩石及矿石的相位谱特征和振幅谱特征，应用伪随机激电法可成功地将异常源属性的相位异常及幅频异常的微弱信号提取出来，使频谱激电法用于生产成为现实。此外为了克服绝对相位测量的困难，我们巧妙地设计了多频相位相对测量方法（由于篇幅关系本书不作详述）。

在三频相对相位测量过程中，只需采用在三个频率观测到的两个相对相位值，并比较其变化规律就可简单区分碳质异常和矿体异常。

与激电参数测量相比，相对相位测量能够自动消除发送机与接收机之间因时间同步误差引起的相位差，比普通激电相位测量具有更高精度，因而在区分矿与非矿异常方面具有独特的优点：它能够有效压制耦合感应，抗干扰能力强，工作效率高，比其他激电相位测量具有更宽的工作频率范围。

与视频散率观测相比，相对相位观测也具有更宽的工作频率范围，可以避开工业游散干扰和大地电流干扰较强的频带，在观测中具有更大的选择范围，更能够满足激电勘探的实践要求。在相同条件的工区，相对相位激电法可以工作的频率比普通相位激电法和频散率激电法的工作频率更高，从而提高了工作效率。

3.2　双频激电的电流波形

双频激电法的核心是同时提供双频电流和同时观测双频电位差。具体来说，发送机将两种频率的矩形波电流合成双频电流后供入地下，这两种频率的频差以及振幅相位关系可根据需要加以选择。本节将具体讨论双频电流的波形[33-35]及其电流变化对视幅频率的影响。

3.2.1　双频电流波形

周期为 T，圆频率 $\omega = \dfrac{2\pi}{T}$ 的矩形电流波[图 3.2.1(a)]通过傅立叶分析可以表示为一系列谐波电流之和，

$$I(t) = \frac{4I_0}{\pi} \sum_{n=1}^{\infty} \frac{1}{2n-1} \sin\left[(2n-1)\omega t\right] \tag{3.2.1}$$

式中 I_0 是矩形电流的幅度，n 是谐波的次数。矩形电流只有奇次谐波，没有偶次谐波。

两个幅度相等，圆频率分别为 ω_L、ω_h，频比 $S = \omega_h / \omega_L$，时间差为 Δt（相位差 $\varphi = \omega_h \Delta t$）的矩形电流[图 3.2.1(b)]的傅立叶级数形式可分别写为（取低频电流的初始相位为零）：

$$I_L(t) = \frac{4}{\pi} I_0 \sum_{n=1}^{\infty} \frac{1}{2n-1} \sin\left[(2n-1)\omega_L t\right] \tag{3.2.2}$$

$$I_h(t) = \frac{4}{\pi} I_0 \sum_{k=1}^{\infty} \frac{1}{2n-1} \sin\left[(2k-1)(\omega_h t - \varphi)\right] \tag{3.2.3}$$

式中 φ 表示高频电流的基波相对于低频电流的 S 次谐振动波的相位移。

把图 3.2.1(b)中两种频率的电流相加合成，便可得到一般意义下的双频合成电流。如图 3.2.1(c)所示。其傅立叶级数形式为

双频电流：

$$I(t) = I_h(t) + I_L(t)$$

$$I(t) = \frac{4}{\pi} I_0 \sum_{k=1}^{\infty} \frac{1}{2n-1} \left\{ \sin(2n-1)\omega_L t + \sin\left[(2k-1)(\omega_h t - \varphi)\right] \right\}$$

$$\tag{3.2.4}$$

频比 S 和相位差 φ 可以根据需要加以选择。经过反复试验和筛选，认为以高、低两种频率的电流完全相干最理想。这里，"完全相干"是指二者的频率以及振幅和相位保持固定关系。因矩形电流只有奇次谐波，故 S 一般取奇数，便于比较不同频率之间的相位。

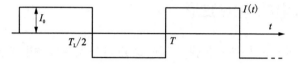

(a) 周期为T、幅度为I_0的矩形电流

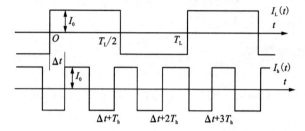

(b) 振幅相等、频比为S、时间差为Δt的两个矩形电流

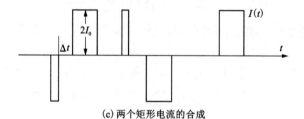

(c) 两个矩形电流的合成

图 3.2.1 双频电流的形成

下面讨论两种情况下的双频电流。

(1) S 为奇数, $\varphi = 0$, 此时有:

$$I(t) = \frac{4}{\pi} I_0 \times$$

$$\left\{ \sin\omega_L t + \frac{S+1}{S}\sin\omega_h t + \sum_{k=2}^{\infty} \frac{1}{2n-1}\left[\sin(2n-1)\omega_L t - \frac{1}{S}\sin(S\omega_L t) + \sin(2k-1)\omega_h t \right] \right\}$$

(3.2.5)

(2) S 为奇数, $\varphi = \pi$, 此时有:

$$I(t) = \frac{4}{\pi} I_0 \times$$

$$\left\{ \sin\omega_L t - \frac{S-1}{S}\sin\omega_h t + \sum_{k=2}^{\infty} \frac{1}{2n-1}\left[\sin(2n-1)\omega_L t - \frac{1}{S}\sin(S\omega_L t) - \sin(2k-1)\omega_h t \right] \right\}$$

(3.2.6)

这两种情况下, 虽然高、低频电流基波的振幅不相等, 但相差不大, 且具有

固定的关系。不论 $\varphi=0$ 还是 $\varphi=\pi$，双频电流中都不含偶次谐波。当低频电流的谐波满足条件

$$(2n-1)=(2k-1)\cdot S,\ k=1,2,3,\cdots \qquad (3.2.7)$$

时，都是与高频谐波频率相同的成分，可以互相叠加起来。当低频电流的谐波不满足式(3.2.7)时，在高频中找不到相同的低频电流谐波成分。因此当 $\varphi=0$ 时，高低频电流同频谐波的振幅为 $I_h/I_L=1+1/S$。当 $\varphi=\pi$ 时，$I_h/I_L=1-1/S$。

图 3.2.2 是几种典型的双频电流波形。图中 3.2.2(a) 是 S 为奇数时双频电流的一般形式。图 3.2.2(b)~图 3.2.2(e) 分别是 S 为奇数时 $\varphi=0$、π、$\pi/2$、$-\pi/2$ 时的双频电流。$\varphi=\pm\pi/2$ 时，双频电流的一般表达式为：

$$I(t)=\frac{4I_0}{\pi}\sum_{k=1}^{\infty}\frac{1}{2n-1}\left[\sin(2n-1)\omega_L t \pm\cos(2k-1)S\omega_L t\right] \qquad (3.2.8)$$

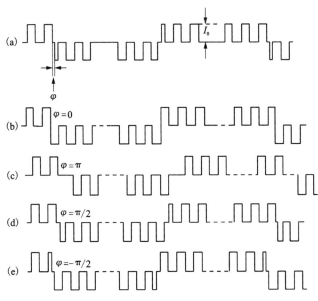

图 3.2.2　φ 为不同值时的双频电流波形

分析以上波形，可以看出：

φ 的大小对高低频电流成分有明显的影响，因而必须保持 φ 稳定不变，否则将造成明显的假视幅频率。使用不同源的高、低频电流合成时，电流间的相位关系是任意的。例如一次观测时 $\varphi=0$，而另一次观测时 $\varphi=\pi$，那么从式(3.2.5)和式(3.2.6)可得假视幅频率 $F_s=2/(S+1)\times100\%$。当 $S=13$ 时，F_s 达 14.3%。这么大的假视幅频率 F_s 异常是绝对不允许的。因而双频电流的相干性是必要的。

图 3.2.3 是在电阻电容模型上用 $f_L=0.3$ Hz，$S=13$，φ 分别为 0 和 π 时的两

种波形双频电流模拟实验的结果。使用电阻电容模型是为了保持模拟对象稳定[30]，以观察仅仅由于波形不同造成的差别。从图 3.2.3 可见，两条曲线几乎完全重合，平均相对误差只有 1.3%。

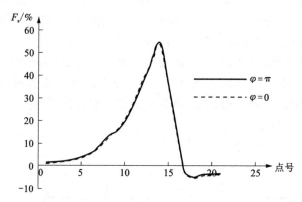

图 3.2.3 用两种波形双频电流在电阻电容模型上测得的视幅频率

图 3.2.4 和图 3.2.5 是这两种波形电流的野外观测结果。从图中可以看出，其观测结果与时间域观测结果十分吻合，不同的是双频观测结果曲线更光滑、数据精度更高。说明用相干的双频电流能够发现激电异常而不会引起假异常，相干的条件是完全必要的。

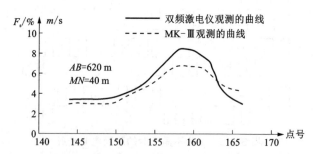

图 3.2.4 湖南衡山某地双频激电仪与 MK-Ⅲ时间域激电仪剖面曲线对比

以上模拟实验和野外观测结果都说明 $\varphi=0$ 或 $\varphi=\pi$ 的双频电流波形在激发异常上是等效的。然而，实际应用中，S 为奇数，$\varphi=\pi$ 时的双频电流较好。这是因为双频电流：①换向时没有电流，发送机不易误导通；②换向时没有过冲，接收机的动态范围不必要求太高；③波形整齐。

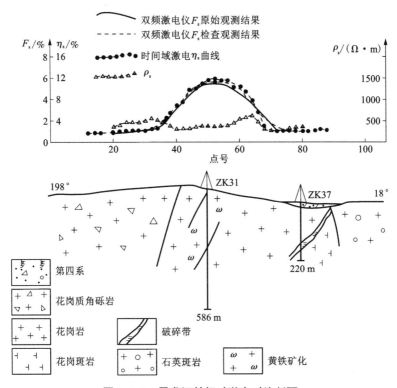

图 3.2.5　黑龙江某钼矿激电对比剖面

3.2.2　双频电流变化对视幅频率的影响

传统变频法是在不同时间分别供高、低两种频率电流并测量其相应的电位差。在这种情况下，电流变化直接造成假幅频率，因此必须保持电流稳定。双频道幅频法则不然，由于同时供、测双频信号，其电流的变化对视幅频率的影响比变频观测方案要小得多。

（1）变频观测中电流不稳的影响

电流不稳常常表现为某次供电过程中电流强度连续下降，可以用一个线性函数：

$$I(t) = \pm I_0(1 - KT) \qquad (3.2.9)$$

来模拟此类变化。例如当发送机不稳流时电源电压逐渐降低或者供电电极接地电阻逐渐增大引起的电流变化。这种变化一般延续到该次观测结束为止。如果使用单频的矩形电流供电（像变频法），设一次观测经历的时间包括矩形电流的 M 个周期，电流变化如图 3.2.6 所示。

将该波形的电流展成如下的傅立叶级数：

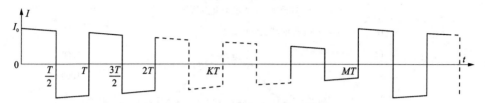

图 3. 2. 6　周期为 T 的矩形电流作延续 M 个周期的线变化

$$I(t) = \sum_{n=0}^{\infty} \left[a_n\cos(n\omega t) + b_n\sin(n\omega t) \right] \qquad (3.2.10)$$

其中傅立叶系数 a_n、b_n 为

$$a_n = \frac{I_0KMT}{(n\pi)^2}\left[2(-1)^n\sum_{P=0}^{M}(-1)^P\cos\frac{n\pi P}{M} - (-1)^M - (-1)^n \right] +$$

$$\frac{I_0KT}{n\pi}(-1)^n\sum_{P=0}^{2M}(-1)^P P\sin\frac{n\pi P}{M} \qquad (3.2.11)$$

$$b_n = \frac{2I_0(-1)^n}{n\pi}\left[2\sum_{P=0}^{M}(-1)^P\cos\frac{n\pi P}{M} - (-1)^{M-n} - 1 \right] -$$

$$\frac{TI_0K(-1)^n}{n\pi}\left[\sum_{P=0}^{2M}(-1)^P P\cos\frac{n\pi P}{M} - M \right] \qquad (3.2.12)$$

上两式中，I_0 为供电刚一开始时的电流强度，K 为电流下降的斜率(变化率)，T 为发送电流周期，MT 为电流变化延续的时间，n 为谐波的次数。

变频观测要分两次供电、两次测量。假设第一次发送并观测的低频信号的周期 $T=\frac{13}{4}$ s，电流变化率 $K=0.005/s$，电流下降延续的周期数 $M=4$，则按

$$|I(t)| = \sqrt{a_n^2 + b_n^2} \qquad (3.2.13)$$

求得低频电流的基波($n=1$)振幅为

$$|I_L(t)| = 1.237 I_0 \qquad (3.2.14)$$

又设第二次发送并观测高频信号，$T=\frac{1}{4}$ s，且设高频电流稳定(高频信号周期短，观测耗时少，电流变化不大)，$K=0$，同样按式(3.2.13)求得高频电流基波振幅为

$$|I_h(t)| = 1.273 I_0 \qquad (3.2.15)$$

如果两次观测的其他条件完全相同，且大地本身是不极化的，则仅因电流不稳定产生的假幅频率

$$F_s^f = \frac{1.237-1.273}{1.237} = -2.9\% \qquad (3.2.16)$$

与野外常见的背景场 $F_s \leq 2\%$ 相比，大到 2.9% 的假视幅频率是绝对不被允许的(更何况是负值)。

因此，在变频方案中，对发送机必须采取稳流措施，否则引起的假视幅频率足以淹没有效异常。

不同地区观测条件不同，电流变化率 K、周期 T 以及电流变化延续的时间 MT 各不相同。上述计算中所用的数字只是略举一例。应用上述公式判断电流不稳的影响时要根据当地实际条件取值。

(2)双频激电中电流不稳的影响

双频激电中的供电电流是高、低两种频率的组合电流(图 3.2.2)。不论是电源电压的下降，还是接地电阻的增大，对两种频率电流成分的影响程度均相同。因为 $F_s = (\Delta V_L - \Delta V_h) / \Delta V_L$，所以电流变化时对视幅频率 F_s 的影响并不大。

图 3.2.7 是频比 $S = 13$ 的双频电流。其电流幅度作斜率为 K 的线性变化。T_L 是低频电流的周期，电流变化的持续时间为 MT_L。

图 3.2.7　$S = 13$ 的双频电流强度作视周期为 MT_L 的线性变化

$$b_n = \frac{I_0}{n\pi} \sum_{Q=0}^{M-1} \sum_{P=0}^{S} (-1)^P \left\{ 2\sin\frac{n\pi}{2M}\sin\frac{2n\pi}{MT_L}\left[\left(2Q + \frac{1}{2} - M\right)\frac{T_L}{2} + \frac{PT_h}{2}\right] - \right.$$
$$\frac{KMT_L}{2n\pi}\cos\frac{2n\pi}{MT_L}\left(2Q + \frac{1}{2} - M\right)\frac{T_L}{2} + \frac{PT_h}{2} - K\left\{\left(2Q\frac{T_L}{2} + \frac{PT_h}{2}\right) \times \right.$$
$$\cos\left[2n\pi\frac{(2Q - M)T_L/2 + PT_h/2}{MT_L}\right] - \left[(2Q + 1)\frac{T_L}{2} + \frac{PT_h}{2}\right] \times$$
$$\left. \cos\left[2n\pi\frac{(2Q + 1 - M)T_L/2 + PT_h/2}{MT_L}\right]\right\}$$

$$(3.2.17)$$

设在与变频方案相同的观测条件下，S、K、M、$T_L(T_h)$ 的取值均与变频方案的计算相同，扣除了双频方案本身带来的振幅差 $1/S$ 以后(这一差别在仪器设计中予以改正)，电流不稳引起的假幅频率 F_s^f 只有 0.2%，小于变频方案的 1/10。

因此，双频激电法的发送机可以不稳流，这是双频激电法的一个突出优点。

如果电流线性变化的频率与激电的高频频率相当，则对于变频方案，在图 3.2.6 及式(3.2.11)、式(3.2.12)中相应取 $M = 1$ 即可。当 $k = 0.005$ 时，电流不稳引起的假幅频率经计算为：

$$F_s^f = 0.4\%$$

相同条件下，对双频激电而言(波形见图3.2.8)

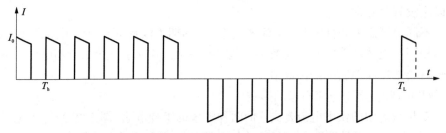

图 3.2.8　电流线性变化的视周期与双频电流中的高频周期相当

$$b_n = \frac{2I_o}{n\pi} \sum_{P=0}^{S} (-1)^P \cos\frac{pn\pi}{S} - 2\frac{I_o ka}{n\pi} \sin\frac{n\pi}{2S} \sum_{P=0}^{(S-1)/2} \sin\frac{n\pi(2P+1/2)}{S}$$

$$(3.2.18)$$

$k = 0.005$ 时，相应的假幅频率 $F_s^f = 0.02\%$。约为变频方案的 $1/20$！足见双频方案能够克服电流不稳的影响。为检验电流变化对视幅频率的影响，进行了一系列模拟实验。

图 3.2.9 是一组视幅频率与电流不稳定性的关系曲线。其中图 3.2.9(a)是在 480 s 内电流减少 38%，即在 S/f_D 时间内减少了 3.5%，引起的假幅频率为 0~0.3%。传统变频法中，若电流变化得这样快，将引起一定的假幅频率，具体大小取决于测量高、低频电位差的时差。例如当时差为 47 s 时，假幅频率可达 3.5%，这是不可容忍的。图 3.2.9(b)和图 3.2.9(c)是电流变化更快时的两组实验结果。在 S/f_D 时间内，两组实验电流变化分别为 7% 和 24%，对应地引起的假幅频率分别为 0~0.4% 和 0~0.6%。图 3.2.9(d)是有 F_s 异常时电流变化的影响。从图可见，当电流变化引起的 ΔV_L 变化达 60% 时，F_s 异常相对变化只有 2%。在这些实验中，为了突出电流变化对视幅频率 F_s 的影响，将电流变化取得很大。其实，当电流变化得如此快时，即使用电阻率法也有困难，更何况传统的变频法，但双频激电法由此引起的误差不大。

以上计算和实验是在假定电源电压线性变化的情况下进行的，实际的电流变化往往不满足线性的要求，但只要电源电压变化得较慢，在一段不长的时间内，便可看作线性的。因此，当电源电压接近线性变化时，双道激电法可以不稳流。

图 3.2.10(a)是新疆某地双频激电仪不同电流观测的质量对比结果，原始观测电流与检查观测电流相差 3 倍以上。由图中可见，两条观测曲线吻合得很好，证明双频激电完全可以不稳流。图 3.2.10(b)是黑龙江某地的 F_s 实测结果，也是没有稳流的，检查观测与原始观测结果十分吻合。因此双频激电法可以不稳流。

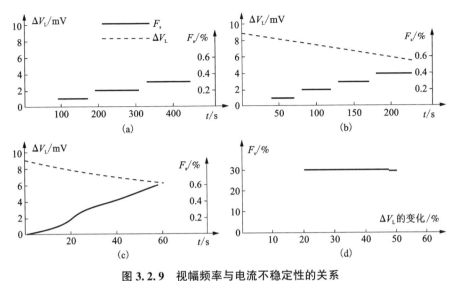

图 3.2.9　视幅频率与电流不稳定性的关系

由于任何稳流方式都会降低电源利用率,因而少稳流或不稳流即意味着提高了电源利用率,并可以简化发送机配置以提高其稳定性,从而降低野外生产成本。

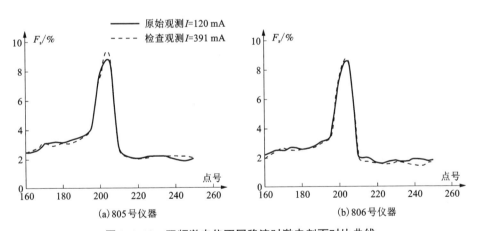

图 3.2.10　双频激电仪不同稳流时激电剖面对比曲线

3.3　双频激电法的观测异常

频率域变频激电观测的异常与直流激电的异常相当。变频观测是先后分别供高、低频电流，而双频激电是同时供两种频率的合成电流，二者都是通过测量高、低频率的电位差相对变化来反映激电效应。因此从物理实质而言，两者观测的异常是相当的。但由于各自所供电流的谐波成分有差别，因而必须比较双频激电与传统变频激电在反映异常的能力上是否相当。下面从理论计算[44-46]、模拟实验和野外实测结果对比三个方面分别加以说明，讨论中假设大地是线性极化的。

3.3.1　理论计算

在变频激电法中，所供电流 $I(t)$ 为简单的矩形波，供高频或低频电流时，矩形波的基波频率与相应的高、低频电流的标称频率相同，其高次谐波则随谐波振幅次数而衰减。即：

$$I(t) = \frac{4}{\pi}I_0 \sum_{2k-1}^{\infty} \sin[(2k-1)\omega t]$$

式中 I_0 为矩形波电流幅度；ω 为矩形波的角频率。

接收机中所接收的电位差，经相应的带通滤波后，高次谐波大大衰减，无论是观测高频还是低频电位差，都可得到相应频率的准正弦波。

在双频激电观测中，情况有所不同。发送机提供双频电流 $I_s(t)$，其中高、低频电流幅度相同，即：

$$I_s(t) = \frac{4}{\pi}I_0 \sum_{2k-1}^{\infty} \{\sin[(2k-1)\omega_L t] + \sin[(2k-1)(\omega_h t - \varphi)]\}$$

式中 ω_L 和 ω_h 分别为低频和高频电流的圆频率，φ 为低频矩形波的 S 次谐波与高频矩形波的基波之间的相位移，$S = \omega_h/\omega_L$ 为频比。

由于 $I_s(t)$ 的最低基波频率与低频频率相同，故对低频电流而言，其观测与变频电流观测类似。但因高、低频电流同时存在，低频电流中的谐波必然会对高频电流中频率相同或相近的谐波成分的观测产生影响。

任何接收机的高、低频通道的频带都应有合理的宽度。太宽则压制干扰的能力减弱，太窄则仪器的过渡过程加长。双频激电仪中采用的高、低频通道的相对带宽约为 0.9。因此，低频电流的 9 次到 19 次谐波都处于高频通道的通频带范围内。即使在通频带范围外的谐波，特别是频率较低的谐波，仍有一定数量通过，成为高频通道输出的一部分。

设高频和低频通道滤波器输出电位差分别为：

$$\Delta U_h(t) = \frac{2}{\pi} \sum_{k=1}^{\infty} \frac{1}{2k-1}\{A_1 B_1 \sin[(2k-1)\omega_L t] + A_2 B_2 \sin[(2k-1)(\omega_h t - \varphi)]\}$$

$$(3.3.1)$$

$$\Delta U_L(t) = \frac{2}{\pi} \sum_{k=1}^{\infty} \frac{A_1 B_2}{2k-1} \sin[(2k-1)\omega_L t] \tag{3.3.2}$$

式中：

$A_1 = 1 - K_s \lg[(2k-1)f_L]$；

$A_2 = 1 - K_s \lg[(2k-1)f_h]$；

$B_1 = (1-\alpha)\left[\dfrac{\alpha(2k-1)^4}{S^4} - \dfrac{2\alpha(\alpha+1)(2k-1)^2}{S^2} + 5\alpha^2 + 1 - \dfrac{2\alpha(\alpha+1)S^2}{(2k-1)^2} + \dfrac{\alpha S^4}{(2k-1)^4}\right]^{-\frac{1}{2}}$；

B_2 为 $S=1$ 时的 B_1 值。

$\Delta U_h(t)$ 和 $\Delta U_L(t)$ 分别为高、低频滤波器输出电位差。A_1、A_2 用来模拟大地的激发极化响应，即假定在普查工作中所用频率范围内视电阻率 ρ_s 与频率的对数呈线性关系。K_s 为线性系数。

B_1、B_2 分别模拟低频与高频通道的频率特性，α 为与通频带形状有关的常数，它与带通 Q 值的关系是：

$$\alpha = 1.39 e^{-\frac{1.78}{Q}} \qquad (3.3.3)$$

用 ΔV_h 和 ΔV_L 分别表示高、低频通道平均值检波后输出的直流电压，即

$$\Delta V_h = \int_0^{1/f_L} |\Delta U_h(t)| \, dt \qquad (3.3.4)$$

$$\Delta V_L = \int_0^{1/f_L} |\Delta U_L(t)| \, dt \qquad (3.3.5)$$

因而视幅频率 F_s 为：

$$F_s = \frac{\Delta V_L - \Delta V_h}{\Delta V_h} \times 100\% \qquad (3.3.6)$$

在计算机上计算了 K_s、Q、S 等改变时对输出电位差的影响，综合这些结果，可得出如下结论：

(1) 低频通道滤波器输出为准正弦波，如图 3.3.1(a) 所示，波形介于方波与正弦波之间，并接近正弦波。比较图 3.3.1(a) 中 $Q=1$ 和 $Q=5$ 两曲线，可见相对通频带宽度越窄，输出电位差越接近正弦波。

(2) 高频通道输出的电位差波形与正弦波有一定差别。从图 3.3.1(b)~图 3.3.1(e) 所示波形可以看出，在似正弦振动的基础上，出现附加振动，其振动的视频率与低频通道频率相同。附加振动在 $\varphi=0$ 时表现为振幅周期性增加，$\varphi=\pi$ 时则表现为振幅周期性减小。所有这些都是低频的谐波，特别是接近高频的低频谐波所造成的。随着带通 Q 值提高，整个高频通道输出的电位差波形也更接近正弦波。

通频带形状的变化将引起谐波成分的改变。频带不同，谐波成分不同，因而 F_s 值也不同。图 3.3.2 是据式 (3.3.1)~式 (3.3.5)，对不同 Q 值计算的示例。计算时取 $K_s=0.2$，$f_L=0.3$ Hz，$S=13$，并以正弦波作为标准。曲线①是保持低频通道 $Q=1.53$，改变高频通道的 Q 值时，F_s 值所产生的误差。从图中可见，当高

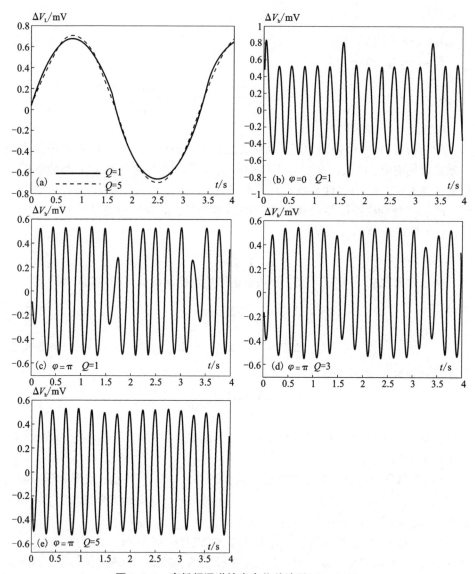

图 3.3.1　高低频通道输出电位差波形($K_s = 0.2$)

频通道的 Q 值大于 0.5 时，F_s 误差小于 1%；当 Q 值大于 1 时，则 F_s 误差小于 0.3%。也即当低频通道 Q 值等于 1.53，高频通道 Q 值为 1 时，双频道观测的 F_s 值与传统变频法观测的 F_s 值相比只有 0.3% 的系统差，一般不需要校正。

通频带随温度、时间也会发生变化。但所引起 Q 值的变化小于 $n\%$。从图 3.3.2 可见，当 Q 值从 0.5 变化至 1 时，Q 值改变了 100%，但引起的 F_s 观测误差只有约 0.1%。因此温度对 F_s 观测结果的影响很小，这也是双频道观测的优

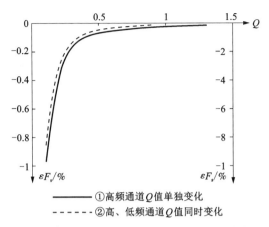

图 3.3.2　接收机通道 Q 值变化与 F_s 误差的关系

点之一。

曲线②表示在高、低频通道的对数频率特性相同的情况下，Q 值同时改变时所引起的 F_s 误差。从图 3.3.2 可见，只要 Q 值大于 0.2，误差便小于 0.3%；Q 值大于 0.5 则误差小于 0.1%。这一结果是预期的，因为高、低频通道有相似的谐波成分，其通频带形态一样时，对各阶谐波的衰减比例相同，因而 Q 值的变化对 F_s 影响甚小。

由上述分析可知：①在使用双频电流波供电时，双频接收机高、低频的通频带形状对 F_s 结果均有影响，但在一般情况下（即 $Q \geq 1$）这种影响很小。双频道观测的 F_s 与变频法结果十分接近，二者具有相同的反映异常的能力。②只要元器件选择恰当，温度等因素引起的通频带变化对 F_s 观测结果影响甚小，因而仪器较稳定。③保持高、低频通频带形状相同（或相近）可以使 F_s 观测结果和变频观测结果的差异更小。

3.3.2　模拟实验结果和野外实测结果对比

为检验理论计算结果，用双频接收机在 RC 网络上进行了系统的模拟实验。该接收机的高、低频通道的频率特性曲线相似，高、低频通道的 Q 值分别为 1.05 和 1.43。实验结果列于表 3.3.1。表中计算值是按 0.3 Hz 和 3.9 Hz 正弦波计算的，即理想情况下传统变频法的结果。由表可见，在 $F_s < 30\%$ 时的计算值与实测值间的绝对误差不大于 1%，吻合得很好，相对误差 $\varepsilon = (F_{s实} - F_{s计}) / F_{s计}$ 的平均值为 -3.36%，异常从 3.1% 至 54.5% 时相对误差变化不大。这组结果充分说明双频道观测的异常与常规变频法的观测异常相当。

表 3.3.1 RC 网络上双频接收机观测结果

$F_{s计}/\%$	3.1	5.9	11.7	13.9	16.4	21.6	24.3	30.5	40.2	47.3	54.5
$F_{s实}/\%$	3.0	5.7	11.3	13.5	15.8	20.9	23.5	29.5	38.8	45.7	52.6
相对误差 $\varepsilon/\%$	-3.5	-3.4	-3.4	-2.9	-3.7	-3.3	-3.3	-3.3	-3.5	-3.4	-3.5
绝对误差/%	-0.1	-0.2	-0.4	-0.4	-0.6	-0.7	-0.8	-1.0	-1.4	-1.6	-1.9

野外实测结果也证实了上述结论。图 3.3.3 是甘肃某锑矿实际测量结果。矿石主要成分为辉锑矿，伴生矿物有黄铁矿、白铁矿等。矿体赋存于灰岩中，受断裂控制。为了对比激电异常，分别进行了双频激电、变频激电和时间域激电观测，三者在矿体上均得到明显异常，且形态一致，只是异常的绝对值略有不同，这与三者的抗干扰能力不同有关，其中双频激电法的抗干扰能力最强。另外，对比图 3.2.3 和图 3.2.4 中双频激电和时间域激电观测结果也可知，二者在反映激发极化异常的能力上是相当的。

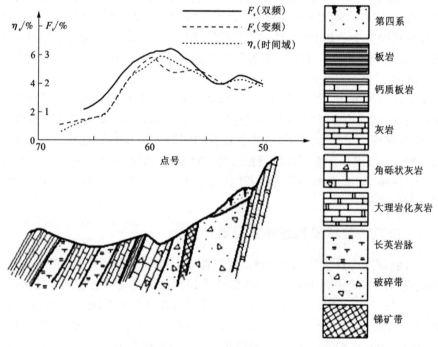

图 3.3.3 甘肃某锑矿双频激电、变频激电和时间域激电异常对比

至于异常绝对大小，频率域受所用频率制约，而时间域与供电时间和延迟时间等因素有关。一些野外实测结果对比说明，0.3 Hz/3.9 Hz 的双频道观测的视幅频率的 F_s 约为正反向供电 10 s 延迟 250 ms 的时间域激电的视极化率 η_s 的一半。

应该指出，上述结论是对普查异常来说的。对详细研究异常来说，双频激电可获得更多信息，且具有很多优点。

3.4 双频激电的抗干扰能力

地球物理勘探方法的野外应用效果如何，抗干扰能力的大小是关键影响因素之一。时间域激电由于观测的是二次电位差，抗干扰能力较差，仪器在中、强干扰地区无法工作。频率域激电因为测量总场电位差，信噪比高，抗干扰能力有了很大提高。传统的变频观测采用选频接收，通频带较窄，干扰受到很大压制。对 50 Hz 的工业干扰电压压制能力为 40~50 dB。而双频道观测的抗干扰能力又比变频观测强得多。表 3.4.1 是双频激电仪在干扰条件下的观测结果。

表 3.4.1 存在 50 Hz 干扰时双频激电仪观测结果

量程/mV	1		10		100		300	
信号电压/mV	1		10		100		300	
50 Hz 干扰电压/mV	50	70	500	700	1000	2000	1000	2500
电位差读数/mV	1	1	10	10	100	100	300	300
干扰造成的假 F_s/%	0	−0.4	1	−0.5	0	0	0	0

由表 3.4.1 可见，当 50 Hz 干扰电压达到观测信号的 50 倍时，对 F_s 读数的影响小于 0.1%。由于 F_s 是低、高频电位差的差值，故干扰对电位差的影响小于 0.025%，即对 50 Hz 干扰电压的压制能力大于 $2×10^5$ dB。比起一般的变频仪，其压制 50 Hz 干扰电压的能力提高了 56~66 dB，即提高了 630~2000 倍。

双频道幅频观测的抗干扰能力强，除了与变频观测一样采用选频接收压制干扰外，还因为采取了如下技术措施：

（1）双频道观测是高、低频信号同时接收干扰，又取其差值，因而受到的各种偶然干扰可在很大程度上彼此抵消。这是双频道观测方案本身具有的优点。

（2）双频激电仪测量采用同步检波和积分采样。同步检波甚至对同频率的干扰都具有很强的压制能力，而积分采样对对称干扰压制能力极强。这是仪器设计时所形成的抗干扰能力。

当积分时间是对称性干扰的整数倍时，积分器对对称性干扰的压制能力在理论上为无限大。在接收机中，信号先经过选频放大器，50 Hz 的干扰电压被压制了约 40 dB，因此，50 Hz 干扰对有用信号影响不大，成为有用信号上的起伏，再经过积分器时，残余的 50 Hz 干扰的正负半周彼此抵消，又一次得到压制。因而形成了特别强的抗工业干扰能力。

除 50 Hz 的工业干扰外，在野外还会遇到各种原因造成的随机干扰。可以认为随机干扰的数学期望为零[即随机干扰 $f(t)$ 的积分 $\lim\limits_{t \to \infty} \int_0^t f(t)\,\mathrm{d}t = 0$]。

由于仪器的积分时间为 3.333 s，对大多数随机干扰而言，这个数值已经足够大，可以认为上述积分(即对随机干扰的积分)实际上为零。另外采用双频道同时接收，残存部分在计算 F_s 时又在很大程度上相互抵消。因而形成对偶然干扰的良好压制能力。

由于高、低频信号的放大全部由共同通道完成，并同时观测双频信号且取其差值。因此，温度、湿度等的变化对观测结果影响小。仪器性能容易稳定。这是双频道观测方案所具有的优越性，事实上仪器的稳定性都在 ±(0.1% ~ 0.2%)。

仪器在野外条件下总的观测精度，除由仪器本身的精度决定外，还与仪器的抗干扰能力和观测速度有关。如果一台仪器在无干扰时精度很高，但抗干扰能力很低，则在野外可能没有多大用处。观测速度快，则可在困难条件下，对多次读数加以平均来提高精度(时间域测量便是这样做的)。表 3.4.2 是在强干扰条件下所做的观测。在 MN 电极上 50 Hz 干扰电压为 4 V，双频信号电位差则全部小于 3 mV，如图 3.4.1 所示，所测曲线很光滑，其中有 5 个点的电位差小于 1 mV。在每个点上读 6 个数，分别取前 2 次、前 4 次、6 次读数平均，记录误差列于表 3.4.2。表中 F_{s1} 为原始观测结果，F_{s2} 为检查观测结果。观测精度为：

$$\varepsilon = \frac{2(F_{s2} - F_{s1})}{F_{s2} + F_{s1}} \tag{3.4.1}$$

表 3.4.2 强干扰条件下双频激电观测结果

点号	V/mV	6 次读数平均			前 4 次读数平均			前 2 次读数平均		
		F_{s1}	F_{s2}	ε/%	F_{s1}	F_{s2}	ε/%	F_{s1}	F_{s2}	ε/%
17	0.96	3.8	4.0	1.1	3.9	4.0	2.5	3.9	4.0	2.5
19	0.76	8.8	8.8	0	8.7	8.3	4.7	9.0	8.7	3.4
21	0.56	16.5	16.5	0	17.0	16.7	1.8	17.4	17.0	4.4
23	0.47	25.8	25.9	0.4	25.8	25.7	0.4	25.2	25.8	2.3
25	0.70	22.8	23.0	0.9	22.7	23.0	1.3	22.5	22.3	0.9

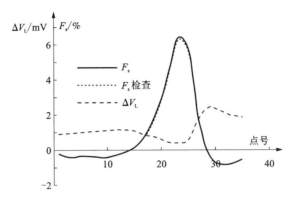

图 3.4.1　强干扰条件下微弱信号观测试验曲线

从表 3.4.2 可见，观测精度是令人满意的。取 6 次、前 4 次和前 2 次读数平均时，ε 值分别为 1.3%、2.9% 和 4.3%。即使是读两次数时精度也合乎要求，因此在信噪比低、电位差小的情况下才需要使用多次读数。在野外工作中，双频激电法表现出很强的抗干扰能力。

图 3.4.2 是马鞍山老姆岘地区的工业游散电流实测曲线。该区是全国著名的工业矿区，工业游散电流特别是电气化火车使地层中有很大的干扰电流。电气化火车启动时，常常向地下供几百安的电流，产生的干扰场使仪器指针无规律地抖动，时间域激电仪器根本无法工作。从图 3.4.2 可见，工业干扰场一般在 $-20 \sim +30$ mV，最高可达 60 mV。

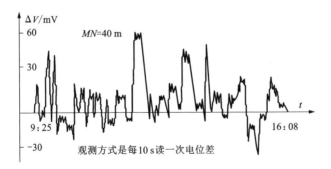

图 3.4.2　马鞍山地区工业游散电流实测曲线图

采用双频激电法在马鞍山老姆岘测区开展详查工作，野外数据采集工作进展顺利，数据质量也很高，经系统质量检查，F_s 均方误差小于 ±0.8%。圈出的激电异常与自电异常基本吻合，并处于视电阻率低阻区，反映出地下地质体具有高极化、低电阻、负自电的性质，为金属硫化矿的特征。图 3.4.3 是该区双频激电异常平面图。解释认为异常是由一定埋深的多层黄铁矿层和黄铁矿化引起的，经 ZK2 和 ZK3 两孔深部验证，均见到多层不同品位的黄铁矿体，证实了前期资料的可靠性，取得了良好的地质勘探效果。

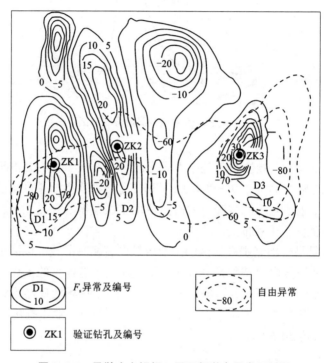

图 3.4.3　马鞍山老姆岘工区双频激电异常平面图

在其他地区，双频观测的抗干扰能力也很强，如在甘肃某铅锌矿区，工业干扰严重，测量表明只要距正在施工的钻机大于 20 m，双频激电仪便可正常工作。又如在湖南某金矿区，在钻机连续工作时，双频观测的全区重复平均绝对误差小于 0.4%。这些都说明，双频激电法具有很强的抗干扰能力。

图 3.4.4 是另一地区强干扰条件下低缓激电异常和化探次生晕 Sr、Zn+Pb 元素的综合剖面图。该区工业游散电流产生的干扰场经实测一般为 $-15 \sim 30$ mV。最高可达 55 mV，据物性测定，含铁石英重晶石脉的幅频率为 2.5%~4.5%，其背景 F_s 值为 2%。在如此强干扰条件下，要分辨仅 2.5% 左右的低缓视幅频率异常，颇有难度。时间域激电法和变频激电法都难以胜任。从图 3.4.4 可见，双频激电异常与化探次生晕异常吻合得很好。F_s 最大值为 4.7%。经 131 个观测点系统检查（占总工作量的 7.07%），F_s 正常场上均方差为 ±0.34%，异常场上均方相对误

差为±0.11%，达到了较高的观测精度。实际上，该剖面上的激电 F_s 异常和化探次生晕异常是已知的出露硫化矿脉引起的。因此，利用双频激电可以在强干扰地区分辨低缓激电异常，达到地质勘探目的。

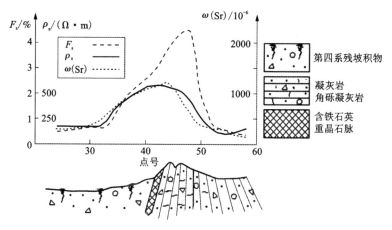

图 3.4.4　马鞍山慈湖地区 54 线综合剖面图

3.5　双频激电法的特点

任何一种地球物理勘探方法，都有其自身的特点。频率域激电法和时间域激电法在反映地下极化体的能力上是相当的。但由于两者观测方式有很大的不同。在目前技术条件下，实际应用中二者又各有特点。例如在电阻率低、干扰弱的平原地区，时间域激电法较为有利。而在接地条件差、干扰大和地形条件差的山区，频率域激电法可发挥它轻便快速、灵活、抗干扰能力强的优势。在频率域激电法中，又存在三种主要的观测方式，它们在反映激电异常的能力上是相当的，但三者又各有不同的特点。本节对它们的特点加以比较。

变频方式在每个测点上要先供高频，测得电位差 ΔV_h，并进行归一化（即令 ΔV_h 为 1 mV），而后改供低频，测量低频电位差并计算或直接读视幅频率。这样的工作方式虽然使发送—接收装置较为简单，但也存在明显的缺点：①在每个测点上要分别以高、低频率两次供电、观测，增加了单点观测的时间。②发送机要随接收机的操作情况而改变频率，这样既增加了相互间的联系，又难以实现由一台发送机供电、多台接收机观测，从而使面积生产效率难以提高。③高、低频电位差是在不同时间观测的，电流的稳定性及外界干扰等对观测结果影响大。因而，在将变频法推广用于大面积快速普查时，与直流激电法全面比较后，它较为轻便的优点也黯然失色。

奇次谐波方案可以实现多频信号同时观测，这较变频方案是个进步。由于各次谐波频率是同时从方波提取出的，在测量视幅频率时，发送机电流的变化对观测结果的影响较变频方案小得多。但从式(3.2.2)可看出，随着谐波次数的增加，谐波电流的幅度与谐波次数成反比减小，这从图3.5.1中也可看出。例如13次谐波电流的幅度只有基波的1/13，在一定的条件下，为获得一定水平的电位差，假设需要1 A电流，则为使13次谐波电流有1 A，基波电流必然要有13 A，而对于基波来说，这样大的供电电流是不必要的，因为这样除浪费外，关键还会使整个发送装备十分笨重。如果利用次数较低的谐波，则频率范围又太窄了，使频差减小，观测到的异常就不明显。因此奇次谐波最大的缺点是谐波强度衰减。特别是用于普查时，只测量视幅频率或相对电位差，若频差太小，则异常太小，不利于发现目标，观测精度也低。若加大频差，则低频电流太大，与普查时对装备轻便的要求相矛盾。

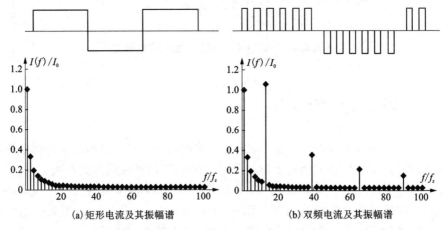

(a) 矩形电流及其振幅谱   (b) 双频电流及其振幅谱

图3.5.1 两种观测方案的电流波形与频谱

双频激电法的核心是同时供双频电流并同时观测双频电流的电位差。这使得它与变频方案和奇次谐波方案相比有一些重要的优点。下面分别论述：

(1)双频观测方案中两种频率的频差可根据需要而人为选择，且二者的振幅是接近的。

例如图3.5.1中的双频电流，高频基波的频率是低频基波频率的13倍，但二者的振幅比为12/13，十分接近。奇次谐波方案中频差与幅度无法克服的矛盾被双频激电轻易克服了。这对于在减小供电功率的条件下，准确地测量视幅频率或相对相位差均十分有利。

(2)发送电流的变化对双频观测结果的影响可以忽略。

　　计算表明，在电流线性变化的情况下，当电流变化对变频方案观测结果的影响为 −12% 时，对奇次谐波方案观测结果的影响为 −1.06%，而对双频观测结果的影响仅为 0.148%。变频方案中为减小电流变化，必须采用稳流措施，而发送机稳流不但会降低电源利用率，而且会使仪器结构变得复杂。从上述结果可知，双频发送机可不必稳流，这对于简化和减轻发送机相当有利。

　　(3) 双频激电法的抗干扰能力强。

　　这主要是由于双频激电法同时供测双频信号，并在仪器中采用了同步检波、相关、积累等技术。利用选频接收，通频带较窄，干扰受到很大压制，这是频率域仪器所共有的优点。但双频激电法同时接收高低频电位差，又取其差值，因而各种偶然干扰受到很大压制，这是双频激电特有的优点。前已述及，双频接收机采用同步检波和积分采样，同步检波对同频率的干扰也具有很强的压制能力，而积分对对称性干扰的压制能力极强，这是双频激电仪设计形成的优点。因此双频激电法对工业干扰、偶然干扰、随机干扰(包括对接收机的固有随机噪声)等都有很强的压制能力。另外，降低接收机的固有噪声和较强的抗干扰能力对于激电仪器装备的轻便化，具有特别重要的意义。

　　(4) 双频激电法的观测装置轻便。

　　一般而言，频率域激电装置都较时间域激电装置轻便，这主要因为频率域观测总场，而时间域要观测二次电位，从视极化率计算公式

$$\eta_s = \frac{\Delta V_2}{\Delta V_1} \times 100\%$$

可知，当 $\eta_s = 2\%$ 时，$\Delta V_1 = 50 \Delta V_2$，假设接收机最小可测准电位差为 1 mV，那么必须要求 $\Delta V \geq 50$ mV，在电阻率 ρ 为 500 Ω·m 的地区，用中间梯度装置时，设 $AB = 1000$ m，$MN = 20$ m，且 MN 位于 AB 中心时，装置系数 $K = 39254$ m，故要求供电电流为

$$I = K \cdot \frac{\Delta V}{\rho} = 3.928 \text{ A}$$

即供电电流约需 4 A，这就必须使用发电机。而且为使供电线上电压损耗小，供电线必须用粗的铜线(供电线每公里电阻为 20 Ω 时，供电线上电压降可达 80 V)。此外，为了得到如此大的供电电流，需要很多供电电极，从而使发电机、汽油、导线、电极等显得笨重，特别在山区难以工作。

　　频率域中，由于测总场，在同样情况下，其电流可减小至时间域的 1/50，即不需要很大的供电电流，就能可靠地获得异常。在一般地电条件下只需几至几十毫安电流和几瓦功率的电源就可以了。因而整个设备轻便，所需人力减少，提高了生产效率。例如在湖南衡山某矿区(图 3.2.4)，采用时间域激电仪观测时，用发电机供电，供电电流为 4 A，每台班需 12 人。而双频激电仪只用 45 V 乙电池供

电，电流仅需 20 mA，每台班 4 人。在同一剖面上，双频激电法和时间域激电法都获得了相同形态的异常。

顺便指出，频率域激电仪必须具有比时间域高得多的相对精度，才能达到减小供电电流的目的。例如，当要求的 F_s 的相对精度为 5% 时，从 F_s 的表达式可得相对误差为：

$$\varepsilon = \frac{\delta F_s}{F_s} = \left| \frac{\delta(\Delta V_L - \Delta V_h)}{\Delta V_L - \Delta V_h} \right| + \left| \frac{\delta(\Delta V_h)}{\Delta V_h} \right| \leqslant 5\% \tag{3.5.1}$$

式(3.5.1)中第二项比第一项小很多，可以忽略。故可以写为：

$$\varepsilon \approx \frac{\delta(\Delta V_L - \Delta V_h)}{\Delta V_L - \Delta V_h} = \frac{\dfrac{\delta(\Delta V_L - \Delta V_h)}{\Delta V_h}}{\dfrac{\Delta V_L - \Delta V_h}{\Delta V_h}} = \frac{1}{F_s} \cdot \frac{\delta(\Delta V_L - \Delta V_h)}{\Delta V_h} \tag{3.5.2}$$

因此要求：

$$\frac{\delta(\Delta V_L - \Delta V_h)}{\Delta V_h} \leqslant \varepsilon \cdot F_s = 5\% F_s \tag{3.5.3}$$

当 F_s 为 4% 时，有：

$$\frac{\delta(\Delta V_L - \Delta V_h)}{\Delta V_h} \leqslant 0.2\% \tag{3.5.4}$$

即要求 ΔV_h 和 ΔV_L 的相对精度为：

$$\frac{\delta(\Delta V_h)}{\Delta V_h} = \frac{\delta(\Delta V_L)}{\Delta V_h} \leqslant 0.1\% \tag{3.5.5}$$

当 $\Delta V_h = 1$ mV 时，要求 $\delta(\Delta V_h) \leqslant 1$ μV，可见对仪器性能的要求是很高的。

在时间域激电法中，

$$\frac{\delta(\eta_s)}{\eta_s} = \left| \frac{\delta(\Delta V_2)}{\Delta V_2} \right| + \left| \frac{\delta(\Delta V)}{\Delta V} \right| \tag{3.5.6}$$

由于 $\Delta V_2 \ll \Delta V$，故 η_s 的相对精度主要由 ΔV_2 的相对观测精度决定，因此要求：

$$\frac{\delta(\Delta V_2)}{\Delta V_2} \leqslant 5\% \tag{3.5.7}$$

这个相对精度比频率域激电法的要求低很多。

(5) 双频激电法快速、灵活。

一般变频仪虽较直流激电仪轻便，但在观测速度上却难以提高。首先是它的归一化过程比较占用时间；其次，它要采用整流滤波将超低频电流转变成直流，需要很大的时间常数，因此观测速度很慢，特别在作频谱测量时更慢，使用采样法虽然观测速度快，但抗干扰能力低；其三，变频观测供电-测电之间需要通信联系，占用了时间；其四，变频方案不能一机供电，多机测量，只能"单干"，总的效率低。

双频激电法之所以速度快，主要是采用了高精度线性平均值同步检波的方式，并采取了一些相应的技术措施，去掉了归一化过程，从而使读数速度大大加快。

在时间域激电仪中，仍采用归一化处理，有的量纲可不必精确归一化，但需大致归一化。顺便指出，时间域激电仪取消归一化是较为容易的。因为：

$$m_s = \frac{\int_0^T \Delta V_2 \mathrm{d}t}{\Delta V}$$

式中 m_s 为视充电率，要使不归一化造成的 m_s 相对误差小于2%，只需仪器线性精度保持在1.4%即可。而频率域激电仪则不同，由于它测量高、低频电位的差值，为保证精度而不使用归一化，必须使仪器线性精度达到0.05%，这个难度是很大的。经过多年努力，双频激电仪的整机线性精度达到了0.05%，因而完全不用归一化，直接读取电位差和 F_s 即可。

平均值同步检波可以使仪器在一个低频周期内得到稳定的读数，大大加快了观测速度。

由于双频同时观测，不需改变频率，不必归一化，又采用了平均值同步检波，仪器的单点观测速度较常规变频仪提高了四倍以上。而且一台发送机供电，多台接收机观测，进一步提高了观测速度和效率，因而适合于大面积快速激电普查。

双频激电仪轻便灵活，为得到相同的异常反映，双频激电法要求的供电电流仅为时间域激电法的几十分之一到几分之一。在一般条件下，每个供电点只需3~5根电极，测量电极用4 mm的小铜电极，在感应耦合不大的地区可以作中梯排列。一般用"短导线"工作方式，接收机逐点移动。在避免了供电和测量间的感应耦合时，也可使用"长导线"工作方式。由于供电电极无残留极化且电极数量少，作联剖和偶极装置也十分方便。又由于测交流电位差，无须补偿测量电极极化。

变频观测是断续取数，接收机观测 ΔV_h 并归一化再测 ΔV_L，并由表头指示 F_s 值，在有干扰的地区需多次读数，因而需要的观测时间很长。而双频观测是同时连续取数，ΔV_h 和 ΔV_L 同时接收、自动计算 F_s 值并用液晶数字显示，一个读数循环只要7 s，且可根据需要取任意多次读数。这样读数既快速又简便且没有人为因素影响。

例如，黑龙江冶金物探队1981年用双频激电法作面积普查，一台发送机发送信号，一台接收机接收信号，每台班平均完成120个物理点。而同一地区磁法的定额是100个点。可见双频激电法是相当快速的。

（6）双频激电仪稳定性好，观测精度高。

由于高、低频信号的放大全部由共同通道完成，同时观测双频信号并取其差值，因此，温度、湿度等的变化对观测结果影响小，仪器性能稳定，这是双频激电法的优点。事实上，双频激电仪的稳定性一般都在±(0.1%~0.2%)。

仪器在野外的观测精度，除与仪器本身精度有关外，还与仪器的抗干扰能力和观测速度有关。如前所述，双频激电法的抗干扰能力很强、观测速度很快，因此双频激电仪的观测精度也很高。

(7)双频激电法可以方便地抑制电磁耦合影响。

一般认为，电磁耦合效应是频率域激电法遇到的主要干扰，特别是在作频谱测量时，强的电磁耦合效应常使工作难以进行。在时间域中，虽然同样存在电磁耦合效应，但基本可以通过测两次电位差的延迟时间对其加以有效的控制。因而在野外测量时可基本消除电磁耦合效应的影响。而在频率域，由于测量总场，较难压制电磁耦合效应。国内外对此问题虽已有较多研究，但仍限于室内资料处理。

如图3.5.1所示，对于单纯的方波，电磁耦合效应和激发极化效应都是周期性地出现，难以提取它们之间的差别。但在双频电流波形中，电磁耦合效应随高频周期性地出现，而激发极化效应主要随低频周期性地出现，二者存在差别，采用相干技术，可以方便地将两种信息分离出来。事实上，已经研制出了双频抗耦激电仪，室内和野外试验表明电磁耦合效应对这种仪器的影响较一般频率域激电仪小得多。

(8)双频激电法的非线性效应特征明显，有助于观察和利用非线性效应。

在一定条件下提供区分异常源性质(例如，区分硫化矿和石墨)的信息一直是重要的研究课题[32, 40, 41]。在这方面，如果说复电阻率法或频率域激电法是从现象方面提供信息，那么，测量激电的非线性效应则更接触到事物的本质。长期以来，人们曾作了很多努力来测量非线性激电效应。例如使用接触极化曲线法和非接触极化曲线法，通过测量大电流密度时极化物质的反应电位来区分矿化物质或评价矿体规模(这类方法通常需要很大的供电电流，工作成本很高)。又如，测量非线性激电效应产生的组合谐波或测量阴、阳极极化效应的差异等。然而，对一般激电测量方法来说，为获得非线性激电信息，必须进行专门的测量，且测量精度低。双频激电法由于使用双向脉冲波，除了在普查时便可提供区分异常性质的信息外(双频相位测量参见图3.1.5)，在研究激电非线性效应方面也有其特别的优点。

根据系统论的观点，无论地下情况如何，都可将大地看作一个系统。当向地下供以电流 $I(t)$ 时，在测量电极间观测电位差 $\Delta V(t)$，一般来说：

$$\Delta V(t) = F[I(t), \eta_1, \rho_1, \eta_2, \rho_2, \cdots, h, \varphi] \qquad (3.5.8)$$

即 $\Delta V(t)$ 是电流、地下各种介质的物理参数、几何参数和电极位置等的复杂函数。只有在极简单的情况下，才可写出该函数的表达式。但可将其简写为：

$$\Delta V(t) = Z(t) \cdot I(t) \qquad (3.5.9)$$

式中 $Z(t)$ 是大地的阻抗，它是各种几何、物理参数的综合表现。

当大地为线性系统时，对于方波电流，

$$I(t) = I_0 [u(t) - u(t-T)] \tag{3.5.10}$$

式中 $u(t)$ 为单位阶跃函数。无论 $\Delta V(t)$ 波形如何，它都包含三个部分，即一次电位差 $\Delta V_1(t)$、充电期间的二次电位差和放电期间的二次电位差。且二次电位差可用多个指数项去逼近。因此：

$$\Delta V(t) = \Delta V_1 [u(t) - u(t-T)] +$$

$$\sum_{i=1}^{m} \Delta V_{2i} \left\{ \left(1 - e^{-\frac{t}{\tau_{1i}}} \right) [1 - u(t-T)] + \left(1 - e^{-\frac{T}{\tau_{1i}}} \right) e^{-\frac{t-T}{\tau_{2i}}} u(t-T) \right\} \tag{3.5.11}$$

对电流和电位差进行拉氏变换，利用下列变换公式

$$L[u(t)] = \frac{1}{s} \tag{3.5.12}$$

$$L[u(t-T)] = \frac{1}{s} e^{-sT} \tag{3.5.13}$$

$$L\left[u(t-T) e^{-\frac{t}{\tau_{1i}}}\right] = \frac{e^{-(s+T/\tau_{1i})}}{s + 1/\tau_{1i}} \tag{3.5.14}$$

$$L\left[u(t-T) e^{-\frac{t-T}{\tau_{1i}}}\right] = \frac{e^{-sT}}{s + 1/\tau_{1i}} \tag{3.5.15}$$

不难看出

$$I(s) = I_o \frac{1}{s} (1 - e^{-sT}) \tag{3.5.16}$$

$$\Delta V(s) = \frac{\Delta V_1}{S} (1 - e^{-sT}) + \sum_{i=1}^{m} \frac{\Delta V_{2i}}{s} \left[\frac{1 + s\tau_{1i} e^{-(s+T/\tau_{1i})}}{1 + \tau_{1i}s} - \frac{(1 + s\tau_{2i} e^{-T/\tau_{1I}}) e^{-sT}}{1 + \tau_{1i}s} \right] \tag{3.5.17}$$

故传递函数

$$K(s) = \frac{\Delta V(s)}{I(s)}$$

$$= \frac{V_1}{I} + \frac{1}{I(1 - e^{-sT})} \sum_{i=1}^{m} V_{2i} \left[\frac{1 + s\tau_{1i} e^{-\left(s + \frac{1}{\tau_{1i}}\right)T}}{\tau_{1i}\left(s + \frac{1}{\tau_{1i}}\right)} - \frac{1 + s\tau_{2i} e^{-\frac{T}{\tau_{1i}}}}{\tau_{2i}\left(s + \frac{1}{\tau_{2i}}\right)} e^{-sT} \right] \tag{3.5.18}$$

式中 $K(s)$ 是大地对供电电流 $I(s)$ 激励的响应参量，它虽由单个方波电流得到，但具有普遍的意义，它将大地对电流的瞬态（时间域）响应和稳态（频率域）响应联系起来了。事实上，从式(3.5.18)可得到：

$$F_s = \frac{K(o) - K(\infty)}{K(o)} = \frac{\sum_{i=1}^{m} V_{2i}}{V_1 + \sum_{i=1}^{m} V_{2i}} = \eta_s \tag{3.5.19}$$

即大地为线性极化时，频率域和时间域观测是等效的。且频率域各观测方法也是等效的，因此对地下极化体的反映也是相同的。

当大地为非线性极化时，时间域和频率域观测仍是相当的，但不能用通常的拉氏变换联系瞬态(时间域)响应和稳态(频率域)响应。另外此时频率域各观测方法在反映非线性效应方面也略有差别。为说明这个问题，在上述响应参量中加上非线性项，对于实际问题，考虑二次项便可以了，即：

$$\Delta V(t) = [1 + \beta I(t)] K(t) I(t) \tag{3.5.20}$$

式中 β 为非线性参数。设 $I_h = I_L = I_0$，当高、低频分别供电时，得到其电位差的交流成分分别为：

$$\Delta V_h = K_h I_0 \sin(\omega_h t + \varphi_h) + \frac{1}{2} K_{2h}^2 \beta I_0^2 \cos(2\omega_h t + 2\varphi_h) \tag{3.5.21}$$

$$\Delta V_L(t) = K_L I_0 \sin(\omega_L t + \varphi_L) + \frac{1}{2} K_{2L}^2 \beta I_0^2 \cos(2\omega_L t + 2\varphi_L) \tag{3.5.22}$$

当高、低频同时供电时，电位差的交流成分为：

$$\begin{aligned}
\Delta V(t) = {} & K_L I_0 \sin(\omega_D t + \varphi_D) + K_h I_0 \sin(\omega_h t + \varphi_h) + \\
& \frac{1}{2} K_{2L}^2 \beta I_0^2 \cos(2\omega_L t + 2\varphi_L) + \frac{1}{2} K_{2h}^2 \beta I_0^2 \cos(2\omega_h t + 2\varphi_h) + \\
& K_{h-L} \beta I_0^2 \cos[(\omega_h - \omega_L) t + \varphi_h - \varphi_L] - K_{h+L} \beta I_0^2 \cos[(\omega_h + \omega_L) t + \varphi_h + \varphi_L]
\end{aligned} \tag{3.5.23}$$

式中 K_h、K_L 分别表示 $|K(\omega_h)|$ 和 $|K(\omega_L)|$，φ_L、φ_h 分别表示 $\varphi(\omega_L)$、$\varphi(\omega_h)$。对比式(3.5.21)~式(3.5.23)，可见存在非线性极化时，单独供电和双频供电出现了差别。一般来说，由于 β 值小，这种差别也小。但这种差别有可能作为一种信息，为仔细分析异常提供参考。

由于双频供电时基波和 S 次谐波对极化非线性效应的反映是不同的，因而在作频谱测量时，频谱曲线的相邻频点上出现明显的非线性的锯齿状特征，且出现这种特征的电流密度较小，这与地下物质的极化性质有关。因此，利用这种特征可提供区分激电异常源的信息。

双频激电法中，在进行基本测量的同时，还可方便地且足够精确地得到正向供电和反向供电的视幅频率 $F_s(+)$ 和 $F_s(-)$。在供电电流为正、反向相等的条件下，或是经电流归一化后，得到：

$$F_s(+) = F_s^+ / I^+ \qquad F_s(-) = F_s^- / I^- \tag{3.5.24}$$

式中 I^+ 和 I^- 分别是正向和反向供电电流强度。$F_s(+)$ 和 $F_s(-)$ 之间的差异便是阴、阳极极化差异的表现。应该指出,对正、反向电流进行归一化是十分重要的。因为,A、B 供电电极条件的差异,会造成 I^+ 和 I^- 的差异,这在野外十分常见。

总之,双频激电法快速、轻便、灵活,不需稳流,抗干扰能力强,因而观测精度高。在作大面积激电普查时,可获得有关异常源性质的详查信息。利用双频激电法,还可方便地压制电磁耦合效应,也为激电非线性效应的研究提供了方便、有效的手段。这些特点使得双频激电相对其他频率域激电方法,具有无可比拟的优越性。

第4章 适合西部特殊地貌景观区 双频激电仪的研制与改进

SQ-3C 双频激电仪是在以前系列双频激电仪[47-52]的基础上，结合当前仪器发展新技术[53-65]，根据西部特殊地貌景观区频率域激电方法及示范研究的成果进行优化升级的新一代轻便型仪器，可广泛应用于金、银贵金属和铜、铅、锌等有色金属矿产资源勘查和工程勘察。该仪器由发送机和接收机组成，发送机将高频、低频两种频率的电流合成为特殊波形的双频电流并同时向地下供电。此两种频率是相干的，并可根据工作需要加以变换，通常高频频率为 4 Hz，低频频率为 4/13 Hz。接收机同时接收高、低频电位差，自动计算并显示视幅频率和高、低频电位差，并可根据设置的野外工作装置和装置系数自动计算出交流视电阻率，此两种参数是金属硫化矿体受双频电流的激发产生化学反应后而反映的找矿信息，因此可以根据视幅频率及交流视电阻率，寻找隐伏矿体。

4.1 原有 SQ 系列双频激电仪设计

4.1.1 仪器的工作原理

SQ-3B 双频轻便型激电仪[18,47]由 SQ-3B 双频轻便型激电仪发送机和 SQ-3B 双频轻便型激电仪接收机组成。发送机向大地发送含有低频和高频两种频率的混合波电流，接收机同时接收这两种频率的电流经过大地传导后的低频电位差 V_L 及高频电位差 V_h，并自动计算其视幅频率(F_s)，计算公式为：

$$F_s = \frac{V_L - V_h}{V_h} \times 100\% \tag{4.1.1}$$

4.1.2 发送机的工作原理

SQ-3B 双频轻便型激电仪发送机由以下 10 部分组成[18]：
(1)中央处理器(CPU)；
(2)波形合成电路；
(3)功率驱动电路；

（4）供电主回路（逆变电路）；

（5）电流取样电路；

（6）保护电路；

（7）频率选择电路；

（8）音响提示报警电路；

（9）128×64 液晶显示电路；

（10）机内工作电源。

由中央处理器（CPU）产生高频及低频方波信号，经波形合成电路形成双频混合波，再经驱动电路驱动逆变桥的功率开关，由 A、B 端向大地供双频复合电流。此双频复合电流在取样标准电阻上产生电压降，读取该电压降即可达到读取电流的目的。仪器设有供电主回路的过流保护、供电主回路的高压检测、仪器内部工作电压的欠压检测装置。当供电主回路电压超过 400 V 或主回路电流超过 2400 mA 时，仪器自动切断高压电源，达到保护的目的。当机内仪器工作电源低于 9.5 V 或电流大于 2400 mA 时仪器报警并自动关机。

发送机软件的工作流程图如图 4.1.1 所示，其原理方框图如图 4.1.2 所示。

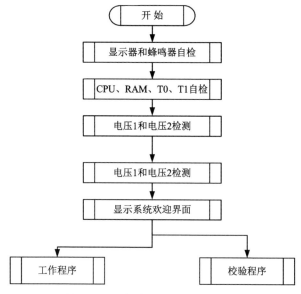

图 4.1.1　发送机软件工作流程图

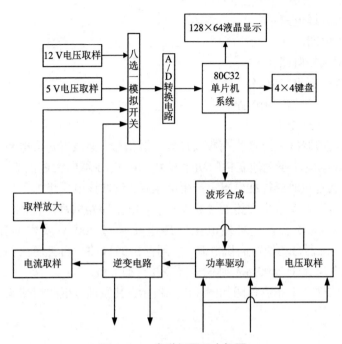

图 4.1.2 发送机原理方框图

4.1.3 接收机的工作原理

SQ-3B 双频轻便型激电仪接收机由以下 9 部分组成[18]：

(1)80C32 单片机系统；

(2)信号输入电路；

(3)信号放大电路；

(4)信号分离电路；

(5)模数转换电路；

(6)240×128 液晶显示电路；

(7)4×4 键盘控制电路；

(8)RS232 串口电路；

(9)机内工作电源。

被测双频信号经阻抗均衡电路及阻抗变换电路后，进入"双 T"陷波电路，对 50 Hz 工频进行压制，再经程控放大器进行前置放大，经低通、高通滤波器选频放大后进入主放大器进行程控放大，放大后的双频信号分别进入低频通道和高频通道的带通滤波器，选出高频及低频正弦波信号，再经过精密检波和积分电路分别输出低频、高频电位差。该低频、高频电位差经 A/D 转换电路转换成数字信号，再经 80C32 单片微机系统处理后，在液晶显示器显示出低频、高频电位差 ΔV_{L}、ΔV_{h} 及视幅频率 F_{s}。

接收机的工作流程见图 4.1.3，其原理图见图 4.1.4。

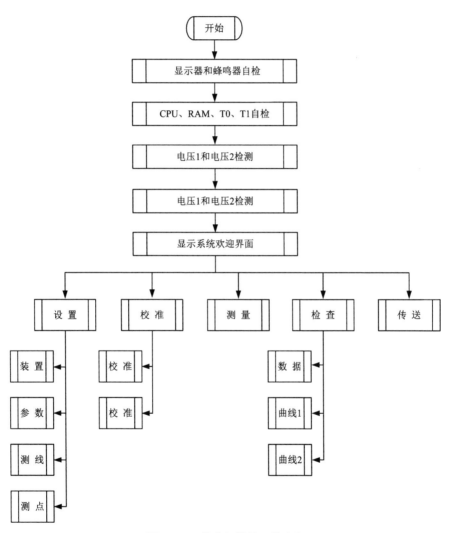

图 4.1.3　接收机软件工作流程

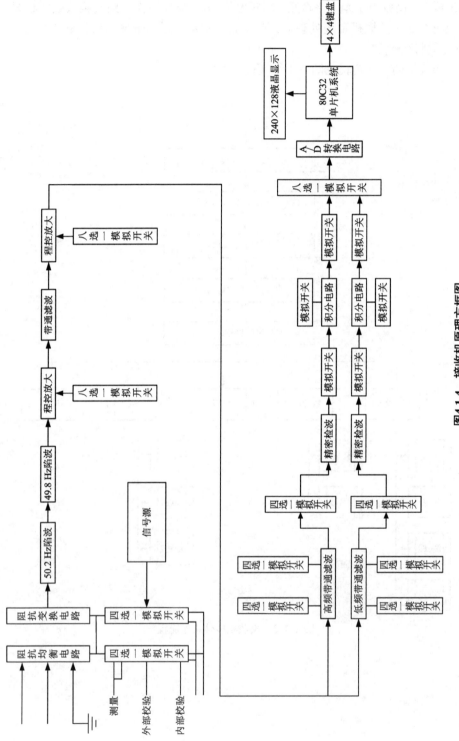

图4.1.4 接收机原理方框图

4.2　原有 SQ 系列双频激电仪在西部特殊地貌景观区工作存在的问题

原有 SQ 系列双频激电仪在西部特殊地貌景观区工作存在的问题包括以下几点：

(1)仪器整机功率消耗大；

(2)测量速度慢；

(3)仪器整机过重；

(4)发送机不能使用发电机直接供电；

(5)双道归零参数不能自动归零；

(6)不能自动进行温度改正；

(7)测量数据偶有丢失现象；

(8)人机界面不友善。

4.3　新型 SQ-3C 双频激电仪针对西部特殊地貌进行的优化

4.3.1　中央处理单元优化

采用新型增强型 MCU 作为系统的中央处理单元。C8051F020 单片机是完全集成的混合信号系统级芯片(SoC)，具有与 8051 系列单片机兼容的高速 CIP-51 内核，与 MCS-51 指令集完全兼容，片内集成了 12 位模数转换器、12 位数模转换器、可同时使用的硬件 SMBus、SPI 及 2 个 UART 串口、数字外设及其他功能部件；内置 64 K 的 Flash 程序存储器、4352 字节的内部 RAM。C8051F 单片机具有片内调试电路，通过 4 脚的 JTAG 接口可以进行非侵入式、全速的系统调试。

C8051F020 单片机供电电压为 $2.7 \sim 3.3$ V，典型供电电流为 10 mA@ 20 Hz，具有多种节点休眠和停机方式，具有内部时钟和外部时钟两种时钟源，所有口线均耐 5 V 电压，处理速度可达 25MIPS(时钟频率为 25 MHz)。

采用 C8051F020 新型增强型 MCU 作为系统的中央处理器可显著减少外围芯片的数量，片内集成的高速 12 位 A/D 转换器可完成模拟量的高速采样；该芯片外围 I/O 接口多达 64 只，完全不需要对 I/O 接口进行扩展；该芯片内置的 64 K Flash 和 4352 字节的 RAM 完全可以满足系统的编程需要，不需要对系统外扩程序存储器和数据存储器。虽然系统内置了许多硬件设备，功能十分强大，但是该 MCU 本身的功耗非常低，典型供电电流只有 10 mA @ 20 Hz。另外 C8051F020 单片机的处理速度高达 25MIPS，使得系统的运算速度显著提高，为提高仪器的测量速度提供了坚实的硬件基础。

因此 C8051F020 新型增强型 MCU 在系统中的应用显著降低了系统的功耗，提高了系统的测量速度，同时因为高度的单片集成化，系统的可靠性得到进一步加强。

4.3.2　逻辑转换单元优化

采用大规模的可编程逻辑器件作为逻辑转换单元。复杂可编程逻辑器件 CPLD(complex programmable logic device)是从 PAL、GAL 发展而来的整列高密度可编程逻辑器件，它规模较大，可以代替几十甚至上百片通用 IC 芯片。CPLD 多采用 CMOS、EPROM、EEPROM 和 Flash 等存储器编程技术，具有高密度、高速度和低功耗等特点。

4.3.3　电源单元优化

采用能量密度比最大的锂离子电池作为系统的工作电源。自从日本索尼公司量产第一颗商用锂离子二次电池以来，锂离子二次电池成为现有商品中能量密度最高的二次电池，其密度约为铅蓄电池的 3 倍、镍镉电池的 2 倍、镍氢电池的 1.5~2 倍，在目前的商用二次电池中，锂离子二次电池在性能上具有很大优势。

锂离子电池是新一代二次电池，具有高电压、长循环寿命、放电电压平稳以及清洁无污染等特点，同时外形更灵活、方便，重量更轻巧。产品性能均达到或超过镍镉、镍氢等二次电池的性能指标。

4.3.4　数据存储单元优化

采用先进的 Flash 存储技术进行数据存储。随着嵌入式系统的迅速发展和广泛应用，大量需要一种能多次编程，容量大，读写、擦除快捷、方便、简单，外围器件少，价格低廉的非易挥发存储器件。闪存 Flash 存储介质就是在这种背景需求下应运而生的。它是一种基于半导体的存储器，具有系统掉电后仍可保留内部信息，以及在线擦写等功能特点，是一种替代 EEPROM 存储介质的新型存储器。因为它的读写速度比 EEPROM 更快，在相同容量的情况下成本更低，因此闪存 Flash 是嵌入式系统中的一个重要组成单元。

与电池加 Ram 的数据保存方式相比，Flash 存储介质存储的数据具有安全可靠、保存时间长、外围电路简单、功耗低等特点。

4.3.5　高级语言编程

采用高级 C 语言作为 MCU 的编程语言。C 语言是一种通用的计算机程序设计语言，它既有高级语言的各种特征，又能直接操作系统硬件，而且可以进行结构化程序设计，用 C 语言编写的程序很容易移植。近年来已出现了若干专为微型计算机设计的 C 语言编译器，如德国 Keil 公司的 Keil C51、美国 Franklin 软件公司的 Franklin C51，它们都是专为 8051 系列单片机设计的高性能的 C 语言编译器，符合 ANSI 标准的 C 语言编程，能够产生速度极快和形式极其简洁的目标代码，在代码效率和执行速度上完全可以和汇编语言相比，并且 C 语言具有丰富的库函数，可以供用户直接调用，从而极大地提高了程序的编写效率。

另外因为仪器在数据测量和软件补偿中涉及许多数学计算，特别是大量的浮点运算，如果使用汇编语言，编程任务可想而知，非常困难。C 语言的模块化结构使得程序的编写、阅读和维护都变得很轻松。

通过采用 C 语言对系统进行编程，使得整个仪器的人机界面更为友好，仪器的软件补偿功能也得到充分的体现，双道归零参数也能通过软件自动计算、自动归零。仪器采用先进的温度补偿算法并通过 C 语言实现，使得仪器温度补偿功能有了明显增强，能更好地适应西部地区早中晚温差大的特点。

4.3.6　发送机的逆变单元优化

采用智能 IGBT 模块作为发送机的逆变单元。我国西部地区以特殊地貌为主，山岩和石岩较多，接地条件不好，接地电阻比较大，同时西部地区人烟稀少，电力条件较差。为有效解决仪器在西部地区特殊地貌和环境中所面临的问题，产品研发人员决定提高仪器发送机的发送电压耐压值，增大发送电压，从而在接地条件困难的情况下得到合适的发送电流，保障接收机的测量需求。

绝缘型双极晶体管(IGBT)是当代电力电子设备中应用广泛的全控型电力半导体器件之一。它的单管容量已超过功率 GTR，而价格也愈来愈便宜。它具有高的开关频率、小的驱动功率，是当今电力电子设备中使用的热门产品，在众多电力电子类成套装置中获得愈来愈广泛的应用，并不断挤占 GTR 和晶闸管的使用空间。由于 IGBT 应用的关键问题同样是其栅极驱动电路的合理设计和快速有效性的保护，为了解决栅极驱动电路的问题，世界上已经出现了众多的集成栅极驱动器，但是因为在设计过程中对 IGBT 的特性了解不够深入或者其他原因，分离型 IGBT 的电路经常发生许多故障，为此许多公司开发了将 IGBT 和驱动保护电路集成在一起的新型智能型 IGBT 模块，也称 IPM 模块。

SQ-3C 产品发送机中使用的 IPM 模块是日本富士电机电子设备技术株式会社生产的 6MBP25RA120 型模块，该模块内置 6 个 IGBT 和驱动保护电路，可发送直流电压 900 V，电流 25A。该模块保护功能齐全，包含过流保护(OC)、短路保护(SC)、控制电源欠压保护(UV)、过热保护(TjOH、TcOH)以及外部输出警报(ALM)。IPM 模块功能和模块实物如图 4.3.1 所示。

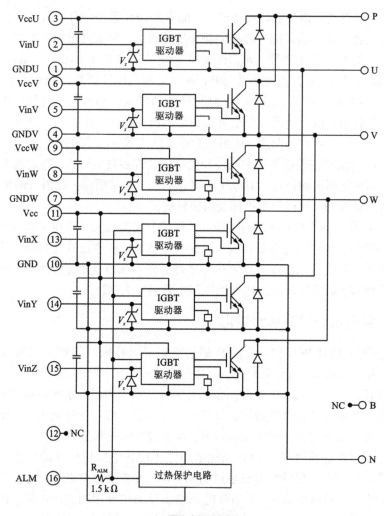

(a) 模块功能示意图

(b) 模块实物图

图 4.3.1　IPM 模块功能和模块实物图

4.4　新型 SQ-3C 双频激电仪的设计

SQ-3C 双频激电仪根据西部特殊地貌的特点，结合原有仪器的优点，经过科学组织和分析，对整个仪器设计进行了大幅度的优化，为综合开发西部矿产资源提供了有力的支持。

4.4.1　仪器的总体设计

根据何继善院士的双频激电理论，针对西部特殊地貌的要求，在原有系列仪器的基础上改进后的 SQ-3C 双频激电仪，总体设计具有以下新的特点和功能：

（1）多频组：频率域激电法是观测岩（矿）石对经大地传导后的不同频率的电流对的响应，而作为普查型的 SQ 型双频激电仪，目前观测的主要是振幅对不同频率电流的响应，即观测其幅频特性，而不同的岩（矿）石由于其矿物成分、结构、构造不同及所处的地质条件不同，其幅频特性亦不同，因此仪器设计了多个频组以适应不同矿种找矿工作的需要。另外各地区的地电场条件不同，当工作装置及地电条件不变时，频率域激电中的电磁耦合效应与工作频率相关。为了适应不同的地电条件，减少电磁耦合效应的影响，仪器设计了 4 组工作频率，分别为 8 Hz 及 8/13 Hz，4 Hz 及 4/13 Hz，2 Hz 及 2/13 Hz；1 Hz 及 1/13 Hz。其中 4 Hz 及 4/13 Hz 与 S 系列的 S-1、S-2、S-3、SQ-3B 型双频激电仪兼容。

（2）分辨率高：双频激电法主要观测参数是视幅频率 F_s，根据视幅频率计算公式（2.4.3），要求在室内条件下当 $V_L \approx 1$ mV 时，F_s 的变化量小于 $\pm 2\%$，V_L 或 V_h 的观测绝对误差小于 ± 10 μV，因而设计中必须采取微弱信号提取技术，提高整机的分辨率。该仪器采用了低噪声、低飘移、低功耗的元器件，使仪器测量范围达 1~1999 mV，测量误差小于 1%；幅频率测量范围为 −80%~80%，测量误差小于 0.2%，满足了实用要求。

（3）性能稳定：在城区和生产矿山附近的大型机电设备运转和地面、井下电动机车的运行均可产生强大的电脉冲干扰，为保证仪器正常工作，要求仪器性能稳定，抗干扰能力强，对干扰信号进行压制。为此仪器中采用了工频陷波、有源滤波、相干检波、双积分采样等技术，使仪器对 50 Hz 工频干扰的压制优于 50 dB。

（4）温度补偿：利用单片机计算功能，将开工前（早晨）校正值作为标准，对一天之内所测的数据进行自动归一化处理，公式为 $V_{显示} = V_{测} \cdot V_{校（随机）} / V_{校（早）}$。

（5）低功耗：发送机与接收机均采用单片机技术，CMOS 单片机与工控机相比，虽然有运算速度慢、存储量小、界面差等不足之处，但其性能价格比十分优越，且具有功耗低的优点，因而机内电源可使用小容量、小体积的高能电池，仪器体积小、重量轻、携带方便，便于野外应用，特别适用于山区短导线工作。

(6)智能化：由于采用了单片机技术，仪器实现了逻辑自动控制、增益自动调节、温度自动补偿、电压自动监视、采集数据自动存储等功能。通过 4×4 键盘输入、汉化菜单式操作提示、大屏幕液晶(点阵式)显示，可将发送机的工作频率、输出电压、电流及时间(时、分、秒)和接收部分的 V_L、V_h、F_s 及时间实时显示，并可绘成曲线，测量结果直观明了。

(7)安全性：接收机设有自检及输入瞬间过压保护功能；发送机设有输入过压、输出过流保护功能，保证了仪器安全可靠。

(8)防震、防尘：为减少仪器的结合部位，加强仪器的防尘、防水能力，仪器整体采用密封腔体加盖板设计，盖板与密封腔结合部分使用密封圈和密封胶进行防尘和防水处理；腔体内使用导槽设计，加强了机芯的稳定性，减少了震动对机器的影响；同时键盘输入采用全密封触摸键盘，加强了键盘的防水防尘能力，适合野外环境应用。

(9)仪器设有 RS232 标准串行接口，可使用数据接收软件将数据采集结果传输至外部计算机作进一步处理。

4.4.2　仪器设计的主要技术指标

(1)SQ-3C 双频激电仪发送机

①工作频率：8 Hz 及 8/13 Hz、4 Hz 及 4/13 Hz、2 Hz 及 2/13 Hz、1 Hz 及 1/13 Hz 四组中的任意一组；

②频率误差：<0.01%；

③输出电压范围：1.5~800 V；

④输出电流范围：1~3999 mA；输出功率：P_{max}≤3200 W；

⑤电流显示误差：≤5%；

⑥过流保护：当输出电流大于 2400 mA 时，自动切断高压电源及机内电源；

⑦外尺寸(长×宽×高)：0.245 m×0.125 m×0.220 m；

⑧重量(净重)：2.5 kg。

(2)SQ-3C 双频激电仪接收机

①工作频率：8 Hz 及 8/13 Hz、4 Hz 及 4/13 Hz、2 Hz 及 2/13 Hz、1 Hz 及 1/13 Hz 四组中的任意一组；

②电位差测量范围：1~1999 mV；

③电位差测量误差：≤±1.5%；

④对 50 Hz 工频干扰压制优于 50 dB；

⑤幅频率测量范围：−80%~+80%；

⑥幅频率测量误差：≤0.1%；

⑦输入阻抗>10 MΩ(10 MΩ、50 MΩ 可选)；

⑧尺寸(长×宽×高):0.245 m×0.125 m×0.220 m;

⑨重量(净重):2.5 kg。

(3)其他

①工作温度:-10~+50℃(95%RH);

②存储温度:-20~+60℃;

③仪器电源:4Ah/3.6 V×3 锂离子可充电电池。

(4)SQ-3C 双频激电仪发送机的设计

SQ-3C 双频激电仪发送机以 C8051F020 增强型 MCU 为主控制器,以大规模可编程逻辑控制器为逻辑转换器件,通过智能型 IGBT 作为信号逆变桥。操作人员通过键盘、点阵液晶显示器和良好的人机界面轻松完成各种参数的设置和仪器控制。

SQ-3C 双频激电仪发送机设计有以下主要功能模块:

①主控 MCU 模块;

②Flash 数据存储模块;

③实时时钟模块;

④信号逻辑转换模块;

⑤电源模块;

⑥高压直流逆变交流模块;

⑦过压、过流检测模块;

⑧极性保护和 EVS 保护模块;

⑨音响灯光报警模块;

⑩人机接口模块。

发送机软件功能模块如图 4.4.1 所示。

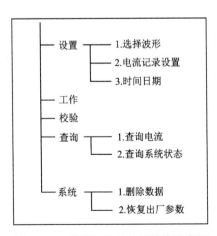

图 4.4.1　发送机软件功能模块示意图

（5）SQ-3C 双频激电仪接收机的设计

SQ-3C 双频激电仪接收机以 C8051F020 增强型 MCU 为主控制器，使用先进的 Flash 数据存储技术作为测量数据的存储单元，灵活合理地应用单片机 C 语言对信号进行放大、滤波和选频等控制，运用科学合理的算法进行通道归一平衡和温度补偿。接收机软件功能模块如图 4.4.2 所示。

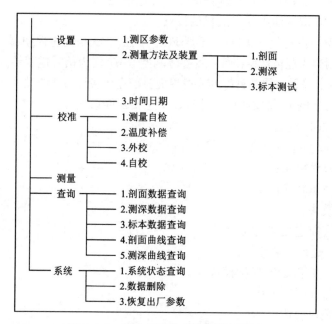

图 4.4.2　接收机软件功能模块示意图

SQ-3C 双频激电仪接收机设计有以下主要功能模块：

①主控 MCU 模块；

②Flash 数据存储模块；

③实时时钟模块；

④输入保护和阻抗匹配模块；

⑤模拟信号程控放大模块；

⑥模拟信号滤波和选频模块；

⑦模拟信号检波和积分模块；

⑧电源模块；

⑨自校信号发生模块；

⑩音响灯光报警模块。

4.5　SQ-3C 双频激电仪进行的试验和测试数据

样机设计完成后, 设计开发人员对 SQ-3C 双频激电仪和 SQ-3B 双频激电仪进行了对比测试, 测试内容包括: ①接收机线性测试; ②接收机和发送机的 RC 模拟网络测试; ③接收机和发送机的水槽模拟测试; ④50 Hz 工频干扰测试; ⑤发送机高压测试; ⑥系统功耗测试。

测试结果表明: ①线性测试、RC 模拟网络测试和水槽测试, 测试结果误差小于 0.2%; ②50 Hz 工频抗干扰能力测试, 优于 SQ-3B 机型的 50 dB, 达到 60 dB; ③发送机的高压测试, 测试电压为 800 V, 电流为 4 A, 可长期正常工作; ④系统功耗显著降低, 接收机功耗比 SQ-3B 机型降低 1/3, 发送机功耗比 SQ-3B 机型降低 1/4。

第5章　激发极化法数据处理解释系统

为了满足西部特殊地貌景观区双频激电资料处理解释的需要，开发具有自主知识产权的激电数据处理解释系统是十分必要的。双频激电法的发射频率较低（1/13~8 Hz），观测的电位场信号受电磁感应的影响较小，可以忽略，在这种情况下，双频激电法的幅频率参数可等效于时间域激电法的极化率参数，时间域激电法的正反演方法可直接用于双频激电法。因此，本章在稳定电流激发条件下，介绍电阻率/极化率二维正反演的理论与方法，并基于 VC++开发了多元激电数据二维人机交互反演解释系统，可用于双频激电数据的反演解释。

5.1　电阻率/极化率二维正演理论与方法

5.1.1　三维空间域稳定电流场的边值问题

根据场论，地下电流场的任意一点上，电流密度矢量 j 与电场强度 E 成正比：

$$j = \sigma E \qquad (5.1.1)$$

这是欧姆定律的微分形式，σ 为该点处的电导率，在各向同性介质中为标量。

根据稳定电流场为势场的性质，电场强度与电位之间满足如下关系：

$$E = -\nabla U \qquad (5.1.2)$$

即电场强度可以用电位梯度代替，方向指向电位下降方向。

在稳定电流场中，由于电场强度为矢量场，求解起来比求解电位场困难得多，因此在直流电法中通常以电位作为分析问题的物理量。这样由式（5.1.1）和式（5.1.2）整理得：

$$j = -\sigma \nabla U \qquad (5.1.3)$$

对式（5.1.3）两边取散度，即得稳定电流场下电位满足的偏微分方程：

$$\nabla \cdot (\sigma \nabla U) = -\nabla \cdot j \qquad (5.1.4)$$

若研究区域不存在场源，则电流密度 j 的散度处处为零，有：

$$\nabla \cdot j = 0 \qquad (5.1.5)$$

将式（5.1.5）代入式（5.1.4），得到电位满足的拉普拉斯方程：

$$\nabla \cdot (\sigma \nabla U) = 0 \qquad (5.1.6)$$

若研究区域存在源，如图 5.1.1 所示，假定在地下 A 点设置一电流大小为 I

的点电源，Ω 为空间任意闭合面 Γ 围成的区域，由通量定理可知，当电源点 A 位于区域 Ω 上或者 Ω 内时，流过闭合面的电流总量为 I，当电源点 A 位于区域 Ω 外时，流过闭合面的电流总量为零：

$$\iint_\Gamma \boldsymbol{j} \cdot \boldsymbol{n} \mathrm{d}\Gamma = \begin{cases} 0, & A \notin \Omega \\ I, & A \in \Omega \end{cases} \tag{5.1.7}$$

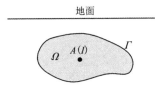

图 5.1.1　点源供电示意图

根据奥-高公式，将面积分转化为体积分，故式(5.1.7)可写成：

$$\iint_\Gamma \boldsymbol{j} \cdot \boldsymbol{n} \mathrm{d}\Gamma = \iiint_\Omega \nabla \cdot \boldsymbol{j} \mathrm{d}\Omega = \begin{cases} 0, & A \notin \Omega \\ I, & A \in \Omega \end{cases} \tag{5.1.8}$$

用 $\delta(A)$ 表示以 A 为中心的狄拉克函数，根据狄拉克函数的积分性质，有：

$$\int_\Omega \delta(A) \mathrm{d}\Omega = \begin{cases} 0, & A \notin \Omega \\ 1, & A \in \Omega \end{cases} \tag{5.1.9}$$

由式(5.1.8)和式(5.1.9)，可得：

$$\nabla \cdot \boldsymbol{j} = I\delta(A) \tag{5.1.10}$$

将式(5.1.4)代入式(5.1.10)，可得稳定电流场的偏微分方程：

$$\nabla \cdot (\sigma \nabla U) = -I\delta(A) \tag{5.1.11}$$

由于电法勘探研究的稳定电流场分布于整个地下半空间，为了减少计算量，在解正演问题时，通常把计算范围限定在一个有限的六面体求解空间内，假定该空间上表面为地表边界 Γ_s，地下周围其余 5 个面为截断边界 Γ_∞。在地面 Γ_s 上，电位的法向导数：

$$\left.\frac{\partial U}{\partial n}\right|_{\Gamma_\mathrm{s}} = 0, \ \in \Gamma_\mathrm{s} \tag{5.1.12}$$

在边界 Γ_∞ 上，假定研究区域 Ω 内部的电性不均匀性对 Γ_∞ 上的电位分布不产生影响，则点源 A 在边界 Γ_∞ 上产生的电位可表示为：

$$U = \frac{c}{r}, \ \in \Gamma_\infty \tag{5.1.13}$$

式中 c 为常数，r 为点源 A 至边界 Γ_∞ 的距离。当边界 Γ_∞ 取得足够大时，式(5.1.13)即为第一类边界条件。对式(5.1.13)两端计算边界外法线方向的导数，得：

$$\frac{\partial U}{\partial n} = \frac{\partial U}{\partial r} \frac{\partial r}{\partial n} = -\frac{c}{r^2} \cos(\boldsymbol{r}, \boldsymbol{n}), \in \Gamma_{\infty} \tag{5.1.14}$$

式中 $\cos(\boldsymbol{r}, \boldsymbol{n})$ 为矢径 $\boldsymbol{r}$ 与边界外法线方向向量 $\boldsymbol{n}$ 的夹角余弦。当边界 Γ_{∞} 取得足够大时，式(5.1.14)即为第二类边界条件。将式(5.1.13)代入式(5.1.14)，经整理，得到第三类边界条件：

$$\partial U/\partial n + CU = 0, \in \Gamma_{\infty} \tag{5.1.15}$$

式中 $C = \cos(\boldsymbol{r}, \boldsymbol{n})/r$，联立式(5.1.11)、式(5.1.12)和式(5.1.15)，即为稳定电流场的边值问题：

$$\begin{cases} \nabla \cdot (\sigma \nabla U) = -I\delta(A), & \in \Omega \\ \partial U/\partial n = 0, & \in \Gamma_s \\ \partial U/\partial n + CU = 0, & \in \Gamma_{\infty} \end{cases} \tag{5.1.16}$$

5.1.2　波数域稳定电流场的边值问题

对于传导类电法勘探的二维问题，通常研究的是点源场在二维地电条件下的电位分布。在这种情况下，电位场实际上是三维分布的，地形和地下介质的电导率沿走向(这里选择 y 方向作为走向方向)无变化，即 $\sigma = \sigma(x, z)$，点电流源 $A(x_A, z_A)$ 位于坐标平面 xoz 上($y_A = 0$)。在直角坐标系下点源场的偏微分方程 (5.1.11) 可写为：

$$\frac{\partial}{\partial x}\left(\sigma \frac{\partial U}{\partial x}\right) + \frac{\partial}{\partial y}\left(\sigma \frac{\partial U}{\partial y}\right) + \frac{\partial}{\partial z}\left(\sigma \frac{\partial U}{\partial z}\right) = -I\delta(x - x_A)\delta(y)\delta(z - z_A) \tag{5.1.17}$$

为了消除走向坐标 y，需要对上式两端分别作傅立叶变换，由于电位 $U(x, y, z)$ 是实函数，并且是 y 的偶函数，即 $U(x, y, z) = U(x, -y, z)$，所以对 $U(x, y, z)$ 作余弦傅立叶变换，并且积分区间选择 0 到 $+\infty$，则余弦傅立叶变换公式为：

$$V(\lambda, x, z) = \int_0^{+\infty} U(x, y, z)\cos(\lambda y)\mathrm{d}y$$

式中 $V(\lambda, x, z)$ 为空间域电位 $U(x, y, z)$ 经余弦傅立叶变换后的波数域电位，λ 称为波数。

下面对式(5.1.17)两端各项作余弦傅立叶变换：

(1)对式(5.1.17)左端第一项作余弦傅立叶变换：

$$\int_0^{+\infty} \frac{\partial}{\partial x}\left(\sigma \frac{\partial U}{\partial x}\right)\cos(\lambda y)\mathrm{d}y = \frac{\partial}{\partial x}\left[\sigma \frac{\partial}{\partial x}\int_0^{+\infty} U(x, y, z)\cos(\lambda y)\mathrm{d}y\right]$$

$$= \frac{\partial}{\partial x}\left[\sigma \frac{\partial V(\lambda, x, z)}{\partial x}\right] \tag{5.1.18}$$

（2）对式（5.1.17）左端第二项作余弦傅立叶变换，有：

$$\int_0^{+\infty} \frac{\partial}{\partial y}\left(\sigma \frac{\partial U}{\partial y}\right)\cos(\lambda y)\mathrm{d}y = \sigma\int_0^{+\infty} \frac{\partial^2 U(x, y, z)}{\partial y^2}\cos(\lambda y)\mathrm{d}y \quad (5.1.19)$$

对式（5.1.19）右端项进行两次分部积分，并利用当 $y\to\infty$ 时，$U(x, y, z)\to 0$，$\dfrac{\partial U(x, y, z)}{\partial y}\to 0$，$\dfrac{\partial U(x, y, z)}{\partial y}\bigg|_{y=0}=0$，则式（5.1.19）右端项可整理为：

$$\sigma\int_0^{+\infty}\frac{\partial^2 U(x, y, z)}{\partial y^2}\cos(\lambda y)\mathrm{d}y = -\lambda^2\sigma\int_0^{+\infty}U(x, y, z)\cos(\lambda y)\mathrm{d}y$$
$$= -\lambda^2\sigma V(\lambda, x, z) \quad (5.1.20)$$

（3）对式（5.1.17）左端第三项作余弦傅立叶变换，有：

$$\int_0^{+\infty}\frac{\partial}{\partial z}\left(\sigma\frac{\partial U}{\partial z}\right)\cos(\lambda y)\mathrm{d}y = \frac{\partial}{\partial z}\left[\sigma\frac{\partial V(\lambda, x, z)}{\partial z}\right] \quad (5.1.21)$$

（4）对式（5.1.17）右端项作余弦傅立叶变换，有：

$$-\int_0^{+\infty}I\delta(x-x_A)\delta(y)\delta(z-z_A)\cos(\lambda y)\mathrm{d}y = -I\delta(x-x_A)\delta(z-z_A)\int_0^{+\infty}\delta(y)\cos(\lambda y)\mathrm{d}y$$
$$(5.1.22)$$

根据狄拉克函数的积分性质：

$$\int_0^{+\infty}\delta(y)\cos(\lambda y)\mathrm{d}y = \frac{1}{2}\cos 0 = \frac{1}{2}$$

则式（5.1.22）可整理为：

$$-\int_0^{+\infty}I\delta(x-x_A)\delta(y)\delta(z-z_A)\cos(\lambda y)\mathrm{d}y = -\frac{1}{2}I\delta(x-x_A)\delta(z-z_A)$$
$$(5.1.23)$$

综合式（5.1.18）、式（5.1.20）、式（5.1.21）和式（5.1.23），整理后可得到波数域稳定电流场的偏微分方程：

$$\frac{\partial}{\partial x}\left(\sigma\frac{\partial V}{\partial x}\right) + \frac{\partial}{\partial z}\left(\sigma\frac{\partial V}{\partial z}\right) - \lambda^2\sigma V = -f \quad (5.1.24)$$

式中 $\sigma=\sigma(x, z)$，$V=V(\lambda, x, z)$，$f=\dfrac{1}{2}I\delta(x-x_A)\delta(z-z_A)$。

对于波数域的地表边界条件，可对式（5.1.12）两端作余弦傅立叶变换，有：

$$\int_0^{+\infty}\frac{\partial U}{\partial n}\cos(\lambda y)\mathrm{d}y = \frac{\partial}{\partial n}\int_0^{+\infty}U(x, y, z)\cos(\lambda y)\mathrm{d}y = \frac{\partial V}{\partial n} = 0, \quad \in \Gamma_s$$
$$(5.1.25)$$

对于波数域的无穷远边界条件，可对式（5.1.13）两端作余弦傅立叶变换，有：

$$V(\lambda, x, z) = \int_0^{+\infty}U(x, y, z)\cos(\lambda y)\mathrm{d}y = \int_0^{+\infty}\frac{c}{r}\cos(\lambda y)\mathrm{d}y$$

$$= c \int_0^{+\infty} \frac{1}{\sqrt{R^2 + y^2}} \cos(\lambda y) \mathrm{d}y, \quad \in \varGamma_\infty$$

$$= c K_0(\lambda R) \tag{5.1.26}$$

式中 $R = \sqrt{(x^2 + z^2)}$ 为 xoz 平面上点源至无穷远边界的距离，对其两端计算无穷远边界外法线方向的方向导数，并根据 $\mathrm{d}K_0(x)/\mathrm{d}x = -K_1(x)$，有：

$$\frac{\partial V}{\partial n} = \frac{\partial V}{\partial R} \frac{\partial R}{\partial n} = -c\lambda K_1(\lambda R) \cos(\boldsymbol{R}, \boldsymbol{n}) \tag{5.1.27}$$

式中 $\cos(\boldsymbol{R}, \boldsymbol{n})$ 是矢径 $\boldsymbol{R}$ 与外法线方向向量 $\boldsymbol{n}$ 的夹角余弦，K_0、K_1 分别为第二类零阶、一阶修正贝塞尔函数。将式(5.1.26)和式(5.1.27)两式联立，可得波数域的第三类边界条件：

$$\frac{\partial V}{\partial n} + \lambda C V = 0, \quad \in \varGamma_\infty \tag{5.1.28}$$

式中 $C = K_1(\lambda R) \cos(\boldsymbol{R}, \boldsymbol{n})/K_0(\lambda R)$。

联立式(5.1.24)、式(5.1.25)和式(5.1.28)，得波数域稳定电流场的边值问题：

$$\begin{cases} \nabla \cdot (\sigma \nabla V) - \lambda^2 \sigma V = -f, & \in \varOmega \\ \partial V/\partial n = 0, & \in \varGamma_\mathrm{s} \\ \partial V/\partial n + \lambda C V = 0, & \in \varGamma_\infty \end{cases} \tag{5.1.29}$$

5.1.3　波数域稳定电流场的变分问题

根据能量最小原理，对偏微分方程(5.1.24)构造泛函[66]：

$$I(V) = \int_\varOmega \left[\frac{1}{2}\sigma(\nabla V)^2 + \frac{1}{2}\lambda^2 \sigma V^2 - fV \right] \mathrm{d}\varOmega, \tag{5.1.30}$$

将式(5.1.30)两端对 V 求变分，得：

$$\delta I(V) = \int_\varOmega (\sigma \nabla V \cdot \nabla \delta V + \lambda^2 \sigma V \delta V - f \delta V) \mathrm{d}\varOmega, \tag{5.1.31}$$

根据场论中 ∇ 算子的运算规则：

$$\boldsymbol{A} \cdot \nabla \varphi = \nabla \cdot (\boldsymbol{A}\varphi) - \nabla \cdot \boldsymbol{A}\varphi \tag{5.1.32}$$

式中 $\boldsymbol{A}$ 和 φ 分别为任意矢量和标量，则式(5.1.31)可整理为：

$$\delta I(V) = \int_\varOmega \{ \nabla \cdot (\sigma \nabla V \delta V) - [\nabla \cdot (\sigma \nabla V) - \lambda^2 \sigma V + f] \delta V \} \mathrm{d}\varOmega \tag{5.1.33}$$

将式(5.1.29)中的偏微分方程代入式(5.1.33)，有：

$$\delta I(V) = \int_\varOmega \nabla \cdot (\sigma \nabla V \delta V) \mathrm{d}\varOmega \tag{5.1.34}$$

根据式(5.1.8)，并结合式(5.1.29)中的边界条件，则式(5.1.34)变为：

$$\delta I(V) = \oint_{\Gamma_s + \Gamma_\infty} \sigma \frac{\partial V}{\partial n} \delta V \mathrm{d}\Gamma = - \oint_{\Gamma_\infty} \lambda C \sigma V \delta V \mathrm{d}\Gamma = - \delta\left(\frac{1}{2} \oint_{\Gamma_\infty} \lambda C \sigma V^2 \mathrm{d}\Gamma \right)$$

$$(5.1.35)$$

移项后，即有：

$$\delta\left(I(V) + \frac{1}{2} \oint_{\Gamma_\infty} \lambda C \sigma V^2 \mathrm{d}\Gamma \right) = 0 \qquad (5.1.36)$$

成立，将式$(5.1.30)$代入式$(5.1.36)$，得：

$$\delta\left\{ \int_{\Omega} \left[\frac{1}{2}\sigma (\nabla V)^2 + \frac{1}{2}\lambda^2 \sigma V^2 - fV \right] \mathrm{d}\Omega + \frac{1}{2} \oint_{\Gamma_\infty} \lambda C \sigma V^2 \mathrm{d}\Gamma \right\} = 0 \quad (5.1.37)$$

因此，波数域稳定电流场的边值问题［式$(5.1.29)$］等价的变分问题为：

$$\begin{cases} F(V) = \int_{\Omega} \left[\frac{1}{2}\sigma (\nabla V)^2 + \frac{1}{2}\lambda^2 \sigma V^2 - fV \right] \mathrm{d}\Omega + \frac{1}{2} \oint_{\Gamma_\infty} \lambda C \sigma V^2 \mathrm{d}\Gamma \\ \delta F(V) = 0 \end{cases}$$

$$(5.1.38)$$

5.1.4　波数域电位场有限元数值模拟

采用有限元法解变分方程$(5.1.38)$，具体过程如下：

（1）单元剖分

将地电模型剖分成有限个三角形，具体如图$5.1.2$所示。方程$(5.1.38)$对区域 Ω 的积分可化成对各三角形单元 e 和边界单元 Γ_e 的积分之和：

$$F(V) = \sum_{\Omega} \int_e \left[\frac{1}{2}\sigma (\nabla V)^2 + \frac{1}{2}\lambda^2 \sigma V^2 - fV \right] \mathrm{d}\Omega + \sum_{\Gamma_\infty} \int_{\Gamma_e} \frac{1}{2}\lambda C \sigma V^2 \mathrm{d}\Gamma$$

$$(5.1.39)$$

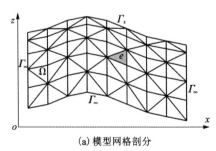

(a) 模型网格剖分　　　　　　　(b) 三边形单元及结点编号

图 5.1.2　二维模型网格剖分示意图

（2）线性插值

假设图 $5.1.2$(b)所示三角形的三个顶点坐标分别为(x_1, z_1)、(x_2, z_2)和(x_3, z_3)，电位值分别为 V_1、V_2 和 V_3，电导率分别为 σ_1、σ_2 和 σ_3。在三角形单元

内，任意一点的电位和电导率采用线性插值[67]，即：

$$\begin{cases} V = N_1 V_1 + N_2 V_2 + N_3 V_3 = \sum_{i=1}^{3} N_i V_i = \boldsymbol{N}^{\mathrm{T}} \boldsymbol{V} \\ \sigma = N_1 \sigma_1 + N_2 \sigma_2 + N_3 \sigma_3 = \sum_{i=1}^{3} N_i \sigma_i = \boldsymbol{N}^{\mathrm{T}} \boldsymbol{\sigma} \end{cases} \quad (5.1.40)$$

式中 N_i 为形函数，$\boldsymbol{N} = (N_1, N_2, N_3)^{\mathrm{T}}$，$\boldsymbol{V} = (V_1, V_2, V_3)^{\mathrm{T}}$，$\boldsymbol{\sigma} = (\sigma_1, \sigma_2, \sigma_3)^{\mathrm{T}}$。对于三角形内的任一点 $P(x, z)$，形函数 N_1，N_2，N_3 可以用面积之比表示：

$$N_1 = \frac{S_{P23}}{S_{123}} = \frac{1}{2S_{123}} \begin{vmatrix} x & z & 1 \\ x_2 & z_2 & 1 \\ x_3 & z_3 & 1 \end{vmatrix} = \frac{1}{2S_{123}} (a_1 x + b_1 z + c_1) \quad (5.1.41)$$

式中 $a_1 = z_2 - z_3$，$b_1 = x_3 - x_2$，$c_1 = x_2 z_3 - x_3 z_2$。

$$N_2 = \frac{S_{P13}}{S_{123}} = \frac{1}{2S_{123}} \begin{vmatrix} x_1 & z_1 & 1 \\ x & z & 1 \\ x_3 & z_3 & 1 \end{vmatrix} = \frac{1}{2S_{123}} (a_2 x + b_2 z + c_2) \quad (5.1.42)$$

式中 $a_2 = z_3 - z_1$，$b_2 = x_1 - x_3$，$c_2 = x_3 z_1 - x_1 z_3$。

$$N_3 = \frac{S_{P12}}{S_{123}} = \frac{1}{2S_{123}} \begin{vmatrix} x_1 & z_1 & 1 \\ x_2 & z_2 & 1 \\ x & z & 1 \end{vmatrix} = \frac{1}{2S_{123}} (a_3 x + b_3 z + c_3) \quad (5.1.43)$$

式中 $a_3 = z_1 - z_2$，$b_3 = x_2 - x_1$，$c_3 = x_1 z_2 - x_2 z_1$。

从式(5.1.41)、式(5.1.42)和式(5.1.43)可知，N_1，N_2，N_3 均为 x，z 的线性函数，并且只与三角形顶点坐标有关。S_{123} 为三角形单元的面积，可用 3 个顶点表示成行列式的形式：

$$S_{123} = \frac{1}{2} \begin{vmatrix} x_2 - x_1 & z_2 - z_1 \\ x_3 - x_1 & z_3 - z_1 \end{vmatrix} = \frac{1}{2} [(x_2 - x_1)(z_3 - z_1) - (x_3 - x_1)(z_2 - z_1)]$$

(3)单元积分

式(5.1.39)的积分可分解为各体单元 e 和边界单元 Γ_e 的积分。将式(5.1.40)代入式(5.1.39)，先对式(5.1.39)右端第一项任一三角形单元进行积分，有：

$$\int_e \left[\frac{1}{2} \sigma (\nabla V)^2 + \frac{1}{2} \lambda^2 \sigma V^2 - f V \right] \mathrm{d}\Omega$$

$$= \int_e \frac{1}{2} \sigma \left[\left(\frac{\partial V}{\partial x} \right)^2 + \left(\frac{\partial V}{\partial z} \right)^2 + \lambda^2 V^2 \right] \mathrm{d}\Omega - \int_e f V \mathrm{d}\Omega$$

$$= \frac{1}{2} \boldsymbol{V}_e^{\mathrm{T}} \left\{ \int_e \sum_{L=1}^{3} N_L \sigma_L \left[\left(\frac{\partial \boldsymbol{N}}{\partial x} \right) \left(\frac{\partial \boldsymbol{N}^{\mathrm{T}}}{\partial x} \right) + \left(\frac{\partial \boldsymbol{N}}{\partial z} \right) \left(\frac{\partial \boldsymbol{N}^{\mathrm{T}}}{\partial z} \right) + \lambda^2 \boldsymbol{N} \boldsymbol{N}^{\mathrm{T}} \right] \mathrm{d}\Omega \right\} \boldsymbol{V}_e - \boldsymbol{V}_e^{\mathrm{T}} \int_e f \boldsymbol{N} \mathrm{d}\Omega$$

$$= \frac{1}{2}\boldsymbol{V}_e^{\mathrm{T}}\left\{ \frac{1}{4S_{123}^2}\sum_{l=1}^{3}\left(\sigma_{\mathrm{L}}\int_e N_{\mathrm{L}}\mathrm{d}\Omega\right)\begin{bmatrix} a_1 & b_1 \\ a_2 & b_2 \\ a_3 & b_3 \end{bmatrix}\begin{bmatrix} a_1 & a_2 & a_3 \\ b_1 & b_2 & b_3 \end{bmatrix} + \lambda^2\sum_{l=1}^{3}\sigma_{\mathrm{L}}\int_e N_{\mathrm{L}}\boldsymbol{N}\boldsymbol{N}^{\mathrm{T}}\mathrm{d}\Omega\right\}\boldsymbol{V}_e -$$

$$\boldsymbol{V}_e^{\mathrm{T}}\int_e f\boldsymbol{N}\mathrm{d}\Omega \tag{5.1.44}$$

根据形函数积分公式[66]：

$$\int_e N_1\mathrm{d}\Omega = \frac{S_{123}}{3}$$

$$\int_e N_1^a N_2^b N_3^c\mathrm{d}\Omega = \frac{2a!\ b!\ c!}{(a+b+c+2)!}S_{123}$$

式(5.1.44)可整理为：

$$\int_e\left[\frac{1}{2}\sigma(\nabla V)^2 + \frac{1}{2}\lambda^2\sigma V^2 - fV\right]\mathrm{d}\Omega = \frac{1}{2}\boldsymbol{V}_e^{\mathrm{T}}\boldsymbol{k}_{1e}\boldsymbol{V}_e - \boldsymbol{V}_e^{\mathrm{T}}\boldsymbol{f}_e \tag{5.1.45}$$

式中 $\boldsymbol{f}_e = (f_i)^{\mathrm{T}}$，$i=1,2,3$ 为与点源有关的列向量，如果点源与结点 i 重合，则 $f_i = 1/2$，否则 $f_i = 0$。$\boldsymbol{k}_{1e} = (k_{1ij}) = (k_{1ji})$，$i,j = 1,2,3$，对区域积分的下三角阵元素为：

$$(k_{1ij}) = \begin{bmatrix} k_{11} \\ k_{21} \\ k_{22} \\ k_{31} \\ k_{32} \\ k_{33} \end{bmatrix} = \begin{bmatrix} \alpha\cdot(a_1a_1+b_1b_1)+\beta\cdot(6\sigma_1+2\sigma_2+2\sigma_3) \\ \alpha\cdot(a_2a_1+b_2b_1)+\beta\cdot(2\sigma_1+2\sigma_2+\sigma_3) \\ \alpha\cdot(a_2a_2+b_2b_2)+\beta\cdot(2\sigma_1+6\sigma_2+2\sigma_3) \\ \alpha\cdot(a_3a_1+b_3b_1)+\beta\cdot(2\sigma_1+\sigma_2+2\sigma_3) \\ \alpha\cdot(a_3a_2+b_3b_2)+\beta\cdot(\sigma_1+2\sigma_2+2\sigma_3) \\ \alpha\cdot(a_3a_3+b_3b_3)+\beta\cdot(2\sigma_1+2\sigma_2+6\sigma_3) \end{bmatrix},\ i\geqslant j$$

式中 $\alpha = (\sigma_1+\sigma_2+\sigma_3)/(12S_{123})$，$\beta = \lambda^2 S_{123}/60$。

下面对式(5.1.39)右端第二项 Γ_e 进行边界积分，若三角单元 e 的 $\overline{12}$ 边位于无穷远边界上，由于无穷远边界离点源较远，则可将式(5.1.39)中的 C 看作常数，提到积分号之外，则边界单元 Γ_e 的积分为：

$$\int_{\Gamma_e}\frac{1}{2}\lambda C\sigma V^2\mathrm{d}\Gamma = \frac{1}{2}\boldsymbol{V}_e^{\mathrm{T}}CL_{12}\int_{\Gamma_e}\sum_{l=1}^{2}N_{\mathrm{L}}\sigma_{\mathrm{L}}N_iN_j\mathrm{d}\Gamma\boldsymbol{V}_e = \frac{1}{2}\boldsymbol{V}_e^{\mathrm{T}}\boldsymbol{k}_{2e}\boldsymbol{V}_e \tag{5.1.46}$$

式中 L_{12} 为边界单元 $\overline{12}$ 的边长；N_{L}、N_i 和 $N_j(l,i,j=1,2)$ 为线性单元的形函数，当 $i=1$、$j=2$ 时，有 $N_1 = (t_2-t)/L_{12}$，$N_2 = (t-t_1)/L_{12}$，t_1 和 t_2 分别为积分单元的首尾长度坐标；$\boldsymbol{k}_{2e} = (k_{2ij}) = (k_{2ji})$，$i,j=1,2$。对于边界单元 $\overline{12}$ 的积分，根据公式：

$$L_{12}\cdot\int_0^1 N_1^a N_2^b\mathrm{d}l = \frac{2a!\ b!}{(a+b+1)!}L_{12}$$

得到边界积分的下三角阵非零元素：

$$(k_{2ij}) = \begin{bmatrix} k_{11} \\ k_{21} \\ k_{22} \end{bmatrix} = \begin{bmatrix} \gamma(3\sigma_1+\sigma_2) \\ \gamma(\sigma_1+\sigma_2) \\ \gamma(\sigma_1+3\sigma_2) \end{bmatrix}, \ i \geq j, \ \text{式中} \ \gamma_3 = C \cdot L_{12}/12$$

(4) 总体合成

在单元 e 内，将式 (5.1.45) 和式 (5.1.46) 的积分结果相加，再扩展成由全体结点组成的矩阵和列阵：

$$F_e(V) = \frac{1}{2}V_e^{\mathrm{T}}(k_{1e}+k_{2e})V_e - V_e^{\mathrm{T}}f_e = \frac{1}{2}V^{\mathrm{T}}\bar{k}_e V - V_f^{\mathrm{T}}$$

式中 V 为所有结点的波数域电位组成的列向量；$\bar{k}_e$ 为 $k_{1e}+k_{2e}$ 的扩展矩阵；由全部单元的 $F_e(V)$ 相加，得到泛函 $F(V)$ 的数值表达式：

$$F(V) = \sum_e F_e(V) = \frac{1}{2}V^{\mathrm{T}}\sum \bar{k}_e V - V^{\mathrm{T}}f = \frac{1}{2}V^{\mathrm{T}}KV - V^{\mathrm{T}}f \quad (5.1.47)$$

令式 (5.1.47) 的变分为零，得线性方程组[67]：

$$KV = f \quad (5.1.48)$$

利用乔里斯基分解法解线性方程组 (5.1.48)，即得所有网格结点的波数域电位 V。

5.1.5 对称稀疏线性方程组的乔里斯基分解法

地球物理场数值模拟，最终归结为解大型稀疏对称线性方程组。对于形如式 (5.1.48) 的线性方程组，常采用一维变带宽压缩存储的乔里斯基分解法。

(1) 一维变带宽压缩存储格式

一维变带宽压缩存储格式是用两个一维数组存储系数矩阵的元素和索引信息，存储格式如下：

$GA[M]$：实型数组，按顺序存储下三角矩阵中每行第一个非零元素到对角线为止的元素，M 为元素总数。

$ID[N]$：整型数组，存储对角线元素在 GA 中的索引，N 为方程阶数。

下面举例说明一维变带宽压缩存储格式，对于 5×5 阶的稀疏对称系数矩阵：

$$A = \begin{pmatrix} \mathbf{2.0} & 1.0 & 3.0 & 0.0 & 0.0 \\ \mathbf{1.0} & \mathbf{4.0} & 0.0 & 5.0 & 7.0 \\ \mathbf{3.0} & \mathbf{0.0} & \mathbf{6.0} & 0.0 & 0.0 \\ 0.0 & \mathbf{5.0} & \mathbf{0.0} & \mathbf{8.0} & 9.0 \\ 0.0 & \mathbf{7.0} & \mathbf{0.0} & \mathbf{9.0} & \mathbf{10.0} \end{pmatrix}_{5 \times 5}$$

采用数组 GA 按顺序存储下三角矩阵中加粗字体的元素，由于系数矩阵的对称性，可用这些元素表示整个矩阵；采用数组 ID 存储对角线元素在 GA 中的索引，若采用 C++ 语言编程，首索引从 0 开始。具体如下：

$GA[13] = \{\mathbf{2.0}, 1.0, \mathbf{4.0}, 3.0, 0.0, \mathbf{6.0}, 5.0, 0.0, \mathbf{8.0}, 7.0, 0.0, 9.0, \mathbf{10.0}\}$

$ID[5] = \{0, 2, 5, 8, 12\}$

为了采用乔里斯基分解法分解压缩存储的数组 GA，需要确定系数矩阵 A、数组 GA、数组 ID 之间的关系，具体归纳如下[68]：

①矩阵 A 的下三角矩阵中存储的元素总数：

$NP = ID[n-1] + 1$，n 为方程阶数

②利用数组 ID 可确定系数矩阵 A 的元素与数组 GA 的元素的对应关系：

$$A_{ij} \Leftrightarrow GA(N)，N = ID[i] - i + j$$

③利用数组 ID 可确定数组 GA 每行存储的元素个数：

$$\begin{cases} R_0 = ID[0]，i = 0 \\ R_i = ID[i] - ID[i-1]，i > 0 \end{cases}$$

④利用数组 ID 可确定数组 GA 每行元素的起始列号：

$$C_i = i - R_i + 1 = ID[i-1] - ID[i] + i + 1$$

（2）一维变带宽存储的乔里斯基分解法

利用矩阵 A 的对称性和稀疏性，对 A 的下三角部分按行变带宽压缩存储，一维变带宽存储的乔里斯基分解法的分解和回代过程如下：

①分解过程

$$\begin{cases} l_{ij} = \left(a_{ij} - \sum_{k=\max(C_i, C_j)}^{j-1} d_k l_{ik} l_{jk} \right) \Big/ d_j，\quad j = C_i, C_{i+1}, \cdots, i-1 \\ d_i = a_{ii} - \sum_{k=C_i}^{i-1} d_k l_{ik} l_{ik}，\qquad\qquad i = 1, 2, \cdots, n \end{cases} \tag{5.1.49}$$

②回代过程

求解三角方程 $LDy = b$：

$$y_i = \left(b_i - \sum_{j=C_i}^{i-1} l_{ij} y_j \right) \Big/ l_{ii}，i = 1, 2, \cdots, n \tag{5.1.50}$$

求解三角方程 $L^T x = y$：

$$x_i = y_i - \sum_{j=C_i}^{i-1} u_{ij} x_j，i = n, n-2, \cdots, 1 \tag{5.1.51}$$

一维变带宽存储的乔里斯基分解法求解对称稀疏线性方程组的程序代码如下：

```
//===============================================//
//函数名称：LDLT()
//函数目的：一维变带宽存储的乔里斯基分解法解对称稀疏线性方程组
//参数说明：GA ：存放方程组系数矩阵
//          ID  ：对角线元素的索引
//          B   ：存放方程组的右端项
//          n   ：方程组的阶数
//          m   ：右端项的个数
//===============================================//
int LDLT(double*  GA, int*  ID, double*  B, int n, int m)
{
    int i, j, k, i0, j0, mi, mj, mij, ij, kn;
    //Crout 分解
    for (i=0; i<n; i++)
    {
        if (i ! =0)
        {
            i0=ID[i] - i;
            mi=ID[i- 1] - i0+1;
            for (j=mi; j<=i; j++)
            {
                j0=ID[j] - j;
                mj=j>0 ? ID[j- 1] - j0+1: 0;
                mij=mj>mi ? mj: mi;
                ij=i0+j;
                //aij=aij- aik* akk* ajk
                for (k=mij; k<j; k++)GA[ij]- =GA[i0+k]* GA[ID[k]]* GA[j0+k];
                if (j= =i)break;
                //Ly=b
                for (k=0; k<m; k++)
                {
                    kn=k* n;
                    B[kn+i]- =GA[ij]* B[kn+j];
                }
                //Lij
                GA[ij]/=GA[ID[j]];
            }
        }
}
```

```
            if (GA[ID[i]]+1==1)return -1;
            for (j=0; j<m; j++)B[j* n+i]/=GA[ID[i]];
        }
    //LTx=y
    for (i=n-1; i>=0; i--)
    {
        i0=ID[i]-i;
        for (j=ID[i-1]-i0+1; j<i; j++)
        {
            for (k=0; k<m; k++)
            {
                kn=k* n;
                B[kn+j]-=GA[i0+j]* B[kn+i];
            }
        }
    }
    return 0;
}
```

5.1.6　波数域电位傅立叶逆变换方法

利用有限元法解点源二维问题时，需要通过傅立叶变换将空间域问题转换成波数域问题，然后采用有限元法求解波数域电位，最后通过傅立叶逆变换将波数域电位转换为空间域电位。徐世浙(1988)提出了一种傅立叶逆变换的最优化方法[66]，本节介绍了该算法的基本原理，并对初始波数的选取和偏导数矩阵的计算方法进行优化，使得波数和傅立叶逆变换系数求解精度更高。

（1）基本原理

在主剖面($y=0$)上，傅立叶逆变换公式：

$$U(x, o, z) = \frac{2}{\pi} \int_0^{+\infty} V(x, \lambda, z)\,\mathrm{d}\lambda \tag{5.1.52}$$

可用近似式：

$$U(r) \doteq \sum_{i=1}^{n} V(r, \lambda_i) W_i \tag{5.1.53}$$

代替，其中 $\lambda_i(i=1, \cdots, n)$ 为离散波数，$W_i(i=1, 2, \cdots, n)$ 为傅立叶逆变换系数，r 是主剖面上供电点 A 到测点 M 的距离。

通过选择合适的 λ_i 和 W_i，使式(5.1.53)在 r 的一定范围内尽可能准确，但函数 U、V 的表达式是未知的，无法利用式(5.1.53)直接求 λ_i 和 W_i。而对于均匀半空间模型，式(5.1.52)可写为：

$$\frac{1}{r} = \frac{2}{\pi} \int_0^{+\infty} K_0(\lambda r) \, d\lambda \tag{5.1.54}$$

式中 K_0 是第二类零阶修正贝塞尔函数。将式(5.1.54)写成近似式：

$$\frac{1}{r} \doteq \sum_{j=1}^{n} K_0(\lambda_i r) W_i \tag{5.1.55}$$

为了在不同的 r 下，有相近的相对误差，将式(5.1.55)写成：

$$1 \doteq \sum_{j=1}^{n} r K_0(\lambda_i r) W_i \tag{5.1.56}$$

给定一电极距序列 r_j，有方程：

$$a_{ji} W_i = V_j \quad \text{或} \quad \boldsymbol{AW} = \boldsymbol{V} \tag{5.1.57}$$

式中 $a_{ji} = r_j K_0(r_j \lambda_i)$，$i = 1, 2, \cdots, n$，$j = 1, 2, \cdots, m$。选取 λ_i 和 W_i，使目标函数：

$$\varphi = (\boldsymbol{I} - \boldsymbol{V})^{\mathrm{T}} (\boldsymbol{I} - \boldsymbol{V}) = (\boldsymbol{I} - \boldsymbol{AW})^{\mathrm{T}} (\boldsymbol{I} - \boldsymbol{AW}) \tag{5.1.58}$$

取极小，其中 $\boldsymbol{I}$ 为单位向量。

（2）计算步骤

λ_i 和 W_i 的计算过程分为以下三步：

第一步：确定波数的初始值。离散波数和傅立叶逆变换系数是通过多次迭代寻优得到的，初始波数的选择对最终结果有一定影响。已知电极距 AM 越小波数越大，否则波数越小，这样可以根据电极距的最小值 $r_{\min}$ 和最大值 $r_{\max}$ 计算出最小波数和最大波数：

$$\lambda_1 = 1/r_{\max}, \quad \lambda_n = 1/r_{\min} \tag{5.1.59}$$

对于第二类零阶修正贝塞尔函数 $K_0(x)$，当 $x \to 0$ 时，$K_0(x) \to \infty$；当 $x \to \infty$ 时，$K_0(x) \to 0$。图 5.1.3 为 $K_0(x)$ 函数的曲线特征，可以看出它是一条下降非常快的单调递减曲线，并且在对数坐标下，$K_0(x)$ 曲线的曲率在 $[0.1, 10]$ 区间内变化较大，而在区间外近似呈线性变化，这样对离散波数以等对数间隔采样较为合适。先给定波数个数 n（通常根据极距大小取 $5 \sim 12$ 个），得到对数采样间隔：

$$c = \frac{\ln \lambda_n - \ln \lambda_1}{n - 1} \tag{5.1.60}$$

进而可以计算出中间的离散波数：

$$\lambda_{i+1} = \lambda_i e^c, \quad i = 1, 2, \cdots, n-2 \tag{5.1.61}$$

第二步：根据波数 $\boldsymbol{\lambda}$，计算 $\boldsymbol{W}$。由目标函数 φ 对 $\boldsymbol{W}$ 取极小，并令其等于零，即：

$$\frac{d\varphi}{d\boldsymbol{W}} = -2\boldsymbol{A}^{\mathrm{T}} (\boldsymbol{I} - \boldsymbol{AW}) = 0$$

经整理，有：

$$\boldsymbol{I} - \boldsymbol{AW} = 0 \quad \text{或} \quad \boldsymbol{A}_{m \times n} \boldsymbol{W}_{n \times 1} = \boldsymbol{I}_{m \times 1} \tag{5.1.62}$$

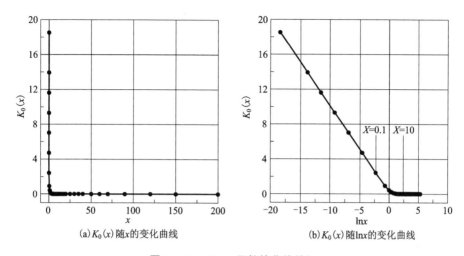

(a) $K_0(x)$ 随 x 的变化曲线　　(b) $K_0(x)$ 随 $\ln x$ 的变化曲线

图 5.1.3　$K_0(x)$ 函数的曲线特征

成立。根据波数 $\boldsymbol{\lambda}$ 和极距 r 计算 $\boldsymbol{A}_{m \times n}$，并采用奇异值分解法解方程 (5.1.62)，就可得到一组傅立叶逆变换系数 $\boldsymbol{W}$，进而求出 $\boldsymbol{V}$。

　　第三步：更新波数 $\boldsymbol{\lambda}$。由于目标函数 φ 受 $\boldsymbol{\lambda}$ 和 $\boldsymbol{W}$ 两个因素共同决定，因此还必须考虑在怎样的一组波数 $\boldsymbol{\lambda}$ 下，使目标函数 φ 取得极值。为此，将 $\boldsymbol{V}$ 在一组初始 $\boldsymbol{\lambda}^{(0)}$ 处展成泰勒级数，并取 $\delta \boldsymbol{\lambda}$ 的一次项，有：

$$V \doteq V_0 + \frac{\partial V}{\partial \boldsymbol{\lambda}} \cdot \delta \boldsymbol{\lambda} \tag{5.1.63}$$

　　将式 (5.1.63) 代入目标函数 φ 中，有：

$$\varphi = \left(\boldsymbol{I} - V_0 - \frac{\partial V}{\partial \boldsymbol{\lambda}} \cdot \delta \boldsymbol{\lambda} \right)^{\mathrm{T}} \left(\boldsymbol{I} - V_0 - \frac{\partial V}{\partial \boldsymbol{\lambda}} \cdot \delta \boldsymbol{\lambda} \right) \tag{5.1.64}$$

　　由目标函数 φ 对 $\delta \boldsymbol{\lambda}$ 取极小，并令其等于零，得到：

$$\boldsymbol{B}_{m \times n} \delta \boldsymbol{\lambda}_{n \times 1} = \boldsymbol{C}_{m \times 1} \tag{5.1.65}$$

式中 $\boldsymbol{B}_{m \times n} = (\partial V / \partial \boldsymbol{\lambda})_{m \times n}$，$\boldsymbol{C}_{m \times 1} = (\boldsymbol{I} - V_0)_{m \times 1}$。采用奇异值分解法解方程 (5.1.65)，可得到 $\delta \boldsymbol{\lambda}$，于是得到一组新的 $\boldsymbol{\lambda}^{(1)}$：

$$\boldsymbol{\lambda}^{(1)} = \boldsymbol{\lambda}^{(0)} + \delta \boldsymbol{\lambda} \tag{5.1.66}$$

　　再以 $\boldsymbol{\lambda}^{(1)}$ 作为初始值重复第二步和第三步，计算 $\boldsymbol{\lambda}^{(2)}$，直到迭代后的均方误差 $\varepsilon = \sqrt{\varphi / m}$ 小于事先给定的允许误差限为止。

　　(3) 偏导数矩阵 $\boldsymbol{B}_{m \times n}$ 的计算方法

　　由于 V_j 是 λ_i 的函数，即 $V_j \doteq V_j(\lambda_1, \lambda_2, \cdots, \lambda_n)$，对式 (5.1.57) 两端分别对 λ_i 求导，有：

$$\frac{\partial V_j}{\partial \lambda_i} = \frac{\partial a_{ji}}{\partial \lambda_i} \cdot W_i = r_j \cdot \frac{\partial K_0(r_j \cdot \lambda_i)}{\partial \lambda_i} \cdot W_i \tag{5.1.67}$$

根据贝塞尔函数的递推公式:

$$\frac{d}{dx}[x^{-n} K_n(x)] = -x^{-n} K_{n+1}(x) \tag{5.1.68}$$

当 $n=0$ 时, 有:

$$\frac{dK_0(x)}{dx} = -K_1(x) \tag{5.1.69}$$

成立, 所以有:

$$\frac{\partial K_0(r_j \cdot \lambda_i)}{\partial \lambda_i} = -r_j K_1(r_j \cdot \lambda_i) \tag{5.1.70}$$

成立, 从而得到:

$$\frac{\partial V_j}{\partial \lambda_i} = -r_j^2 \cdot K_1(r_j \cdot \lambda_i) \cdot W_i, \ i=1, 2, \cdots, n, j=1, 2, \cdots, m \tag{5.1.71}$$

对于第二类修正贝塞尔函数 $K_0(x)$ 和 $K_1(x)$, 可采用下面两个近似计算公式[69]:

当 $x \geqslant 2$ 时, 令 $\alpha = 2/x$

$K_0(x) = (1.25331414 + (-0.07832358 + (0.02189568 + (-0.01062446 +$
$\qquad (0.00587872 + (-0.0025154 + 0.00053208 \cdot \alpha) \cdot \alpha) \cdot \alpha) \cdot \alpha) \cdot$
$\qquad \alpha) \cdot \alpha) / (\sqrt{x} \cdot e^x)$

$K_1(x) = (1.25331414 + (0.23498619 + (-0.03655620 + (0.01504268 +$
$\qquad (-0.00780353 + (0.00325614 - 0.00068245 \cdot \alpha) \cdot \alpha) \cdot \alpha) \cdot \alpha) \cdot$
$\qquad \alpha) \cdot \alpha) / (\sqrt{x} \cdot e^x)$

当 $x < 2$ 时, 令 $\beta = (x/2)^2$, $\gamma = (x/3.75)^2$

$K_0(x) = -(1.0 + (3.5156229 + (3.0899424 + (1.2067492 + (0.2659732 +$
$\qquad (0.0360768 + 0.0045813 \cdot \gamma) \cdot \gamma) \cdot \gamma) \cdot \gamma) \cdot \gamma) \cdot \gamma) \cdot \ln(x/2) -$
$\qquad 0.57721566 + (0.4227842 + (0.23069756 + (0.0348859 + (0.00262698 +$
$\qquad (0.0001075 + 0.0000074 \cdot \beta) \cdot \beta) \cdot \beta) \cdot \beta) \cdot \beta) \cdot \beta$

$K_1(x) = (0.50 + (0.87890594 + (0.51498869 + (0.15084934 + (0.02658733 +$
$\qquad (0.00301532 + 0.00032411 \cdot \gamma) \cdot \gamma) \cdot \gamma) \cdot \gamma) \cdot \gamma) \cdot \gamma) \cdot x \cdot \ln(x/2) +$
$\qquad (1.00 + (0.15443144 + (-0.67278579 + (-0.18156897 +$
$\qquad (-0.01919402 + (-0.00110404 - 0.00004686 \cdot \beta) \cdot \beta) \cdot \beta) \cdot \beta) \cdot$
$\qquad \beta) \cdot \beta) / x$

考虑到野外供电极距 $AB/2$ 通常小于 5000 m，下面以供电极距 1~5000 m 计算一组波数和傅立叶逆变换系数，具体见表 5.1.1。

表 5.1.1 供电极距为 1~5000 m 的波数和傅立叶逆变换系数

序号	λ	W	序号	λ	W
1	0. 00006587911041330	0. 00013663766965423	8	0. 087162739283173	0. 042197970526218
2	0. 00053567911273196	0. 00047514583733390	9	0. 186473558648373	0. 090296422824814
3	0. 00166254298211515	0. 00101295935299157	10	0. 399096825657569	0. 193434509732684
4	0. 00398859014926342	0. 00207878465446789	11	0. 855378794545769	0. 416003896907206
5	0. 00881457172495085	0. 00435369916044911	12	1. 844323860666700	0. 910708637221017
6	0. 01901093687581750	0. 00924586937994409	13	4. 098248654696930	2. 192347306895160
7	0. 04073699523130550	0. 01973579666648150			

5.1.7 视电阻率/视极化率参数换算

对于有限元法模拟的波数域电位 V，利用离散傅立叶逆变换公式：

$$U = \sum_{i=1}^{n} W_i \cdot V(\lambda_i) \qquad (5.1.72)$$

得到主剖面 $(y=0)$ 的空间域电位 U，其中 λ_i 和 W_i 分别为波数和傅立叶逆变换权系数，n 为波数个数。

根据模拟电位 U 和野外观测装置可换算出视电阻率：

$$\rho_s = K \cdot \Delta U/I \qquad (5.1.73)$$

式中 ΔU 为电位差，I 为电流强度，K 为装置系数。在野外工作中，不论在地表还是地下观测，采集一个视电阻率数据通常需要两个供电电极和两个测量电极，即供电正极 A、供电负极 B、测量电极 M 和 N，这样装置系数 K 可写为：

$$K = \cfrac{4\pi}{\cfrac{1}{r_{AM}} - \cfrac{1}{r_{BM}} - \cfrac{1}{r_{AN}} + \cfrac{1}{r_{BN}} + \cfrac{1}{r_{A'M}} - \cfrac{1}{r_{B'M}} - \cfrac{1}{r_{A'N}} + \cfrac{1}{r_{B'N}}} \qquad (5.1.74)$$

式中 r_{AM} 和 $r_{A'M}$、r_{BM} 和 $r_{B'M}$、r_{AN} 和 $r_{A'N}$ 及 r_{BN} 和 $r_{B'N}$ 分别为点源及其相对地表的镜像源到测点的距离。

极化率的正演模拟根据 Seigel 的体激发极化理论进行，即当地下介质具有体极化特性时，其等效电阻率为：

$$\rho^* = \rho/(1-\eta) \qquad (5.1.75)$$

式中 ρ 为介质的电阻率，η 为介质的极化率。基于等效电阻率模型[式(5.1.75)]，等效视电阻率 ρ_s^* 可以写为：

$$\rho_s^* = \rho_s/(1-\eta_s) \tag{5.1.76}$$

式中 η_s 为视极化率。利用电阻率正演模拟方法，可以得到视电阻率 ρ_s 和等效视电阻率 ρ_s^*，根据式(5.1.76)，可以换算出视极化率：

$$\eta_s = (\rho_s^* - \rho_s)/\rho_s^* \tag{5.1.77}$$

5.2 电阻率/极化率二维反演理论与方法

本节将介绍电阻率/极化率二维反演中涉及的一些理论与方法，包括电阻率/极化率反演方法、偏导数矩阵的混合计算方法、线性反演方程的共轭梯度解法，以及迭代步长修正因子的计算方法。

5.2.1 电阻率/极化率反演方法

(1)电阻率反演方法

在最小二乘意义下构建电阻率反演的目标函数：

$$\Phi_\rho(\boldsymbol{m}_\rho) = \parallel \boldsymbol{W}_\rho [\,\boldsymbol{d}_{\rho a} - \boldsymbol{d}_{\rho c}(\boldsymbol{m}_\rho)\,] \parallel_2^2 + \lambda_{\rho s} \parallel \boldsymbol{S}\boldsymbol{m}_\rho \parallel_2^2 + \lambda_{\rho b} \parallel \boldsymbol{B}(\boldsymbol{m}_\rho - \boldsymbol{m}_{\rho b}) \parallel_2^2 \tag{5.2.1}$$

式中右端第一项为数据拟合差项，$\boldsymbol{W}_\rho$ 为电阻率的加权矩阵，压制电阻率数据中的干扰噪声；$\boldsymbol{d}_{\rho a} = \ln\rho_a$，$\rho_a$ 为实测视电阻率；$\boldsymbol{d}_{\rho c}(\boldsymbol{m}_\rho) = \ln\rho_c$，$\rho_c$ 为模拟视电阻率；模型参数 $\boldsymbol{m}_\rho = \ln\rho$，$\rho$ 为地下电阻率；$\boldsymbol{m}_{\rho b}$ 为参考模型参数。

式(5.2.1)右端第二项为模型光滑约束项，属于先验约束，其作用是压制模型参数间的跳变。$\lambda_{\rho s}$ 为光滑约束的阻尼因子，对反演的分辨率和稳定性起着调节作用，其值通常在[0.5，0.01]范围内变化；$\boldsymbol{S}$ 为光滑约束矩阵，其元素通常与模型网格单元大小有关，其元素可定义为[70]

$$S_{ij} = \begin{cases} -\dfrac{1}{r_{ij}} \bigg/ \left(\sum_{j=1}^n \dfrac{1}{r_{ij}} \right), & \text{当 } j \text{ 为 } i \text{ 的相邻结点时} \\ 1, & \text{当 } j = i \text{ 时} \\ 0, & \text{当 } j \text{ 为其他结点时} \end{cases} \tag{5.2.2}$$

式中 n 为与 i 相邻的结点数；r_{ij} 为 i 与 j 结点间的距离。

式(5.2.1)右端第三项为模型背景或已知属性约束项，其作用是使反演模型接近均匀或已知模型。$\lambda_{\rho b}$ 为背景或已知属性约束的阻尼因子，为提高反演分辨率，其值通常小于 $\lambda_{\rho s}$，一般可设计 $\lambda_{\rho b} = \lambda_{\rho s}/10$。$\boldsymbol{B}$ 为背景或已知属性约束矩阵(对角矩阵)，若仅施加背景约束，$\boldsymbol{B}$ 为单位矩阵，若地电模型中部分物性参数是已知的，则将 $\boldsymbol{B}$ 中已知属性结点位置的元素设计为较大的值(如 50~200)，可使反演迭代过程中已知区域预先给定的属性值变化较小或无变化，对提高未知区域的分辨率是非常有效的。

将式(5.2.1)两端对模型参数 m_ρ 求偏导,并令其等于零,可得电阻率反演的广义线性反演方程:

$$(J_\rho^T W_\rho^T W_\rho J_\rho + \lambda_{\rho s} S^T S + \lambda_{\rho b} B^T B) \Delta m_\rho = J_\rho^T W_\rho^T \Delta d_\rho - \lambda_{\rho s} S^T S m_\rho + \lambda_{\rho b} B^T B (m_{\rho b} - m_\rho)$$

$$(5.2.3)$$

式中 $J_\rho = [\partial d_{\rho c i} / \partial m_{\rho j}]$ 为模拟数据对模型参数的偏导数矩阵; $\Delta d_\rho = d_{\rho a} - d_{\rho c}$ 为数据残差向量。

采用共轭梯度法求解方程(5.2.3),可得模型参数修正量 Δm_ρ,将其代入下式

$$m_\rho^{(k+1)} = m_\rho^{(k)} + \alpha \Delta m_\rho \tag{5.2.4}$$

即可得到新的模型参数向量 $m^{(k+1)}$, α 为迭代步长修正因子。重复上述迭代过程,直至迭代次数或数据拟合差满足终止条件为止,此时 m_ρ 即为预测的电阻率模型。

(2)极化率反演方法

在激电法理论和实践研究中,为使问题简化,将岩、矿石的激发极化分为理想的两大类——面极化和体极化。应该指出,"面极化"和"体极化"只有相对的意义,从微观的角度,所有激发极化都是面极化的。然而,在找矿中仍是从宏观的角度考察极化介质的激发极化,故将激发极化视为"体极化"更为常见。所以,对于极化率反演,依然根据 Seigel 体激发极化理论[71],假定地电模型可以通过电导率 $\sigma(x, y, z)$ 和极化率 $\eta(x, y, z)$ 两个物理参数来描述,极化率被定义在区间 $[0, 1)$ 内,而且极化率变化幅度远远小于电导率的变化幅度。

假定视电阻率 ρ_a 是以电导率 $\sigma(x, y, z)$ 为自变量的函数,当地下介质存在激发极化时,它可以表示成:

$$\rho_a^* = \rho_a[\sigma(1-\eta)] \tag{5.2.5}$$

式中 ρ_a^* 为等效视电阻率; η 为极化率。再假定地下模型由 M 块不同电导率 σ_j 和极化率 η_j 的岩矿石组成 $(j = 1, 2, \cdots, M)$,当极化率较小时,可将式(5.2.5)右端关于电导率 σ 用泰勒级数展开,并略去二次以上的项,得:

$$\rho_a^* = \rho_a(\sigma - \eta\sigma) \approx \rho_a(\sigma) - \sum_{j=1}^{M} \frac{\partial \rho_a}{\partial \sigma_j} \eta_j \sigma_j \tag{5.2.6}$$

则极化率响应 η_a 可根据等效视电阻率公式计算得到:

$$\eta_a = \frac{\rho_a^* - \rho_a}{\rho_a^*} = \frac{\rho_a[\sigma(1-\eta)] - \rho_a(\sigma)}{\rho_a[\sigma(1-\eta)]} \approx \frac{-\sum_j \frac{\partial \rho_a}{\partial \sigma_j} \eta_j \sigma_j}{\rho_a(\sigma) - \sum_j \left(\frac{\partial \rho_a}{\partial \sigma_j} \eta_j \sigma_j\right)}$$

$$(5.2.7)$$

再作一次近似,上式可写为:

$$\eta_{\rm a} \approx -\sum_j \frac{\sigma_j \cdot \partial \rho_{\rm a}}{\rho_{\rm a} \cdot \partial \sigma_j}\eta_j = -\sum_j \frac{\partial \ln\rho_{\rm a}}{\partial \ln\sigma_j}\eta_j \tag{5.2.8}$$

那么第 i 点的极化率响应为[72]：

$$\eta_{\rm ai} \approx -\sum_j \frac{\partial \ln\rho_{\rm ai}}{\partial \ln\sigma_j}\eta_j = \sum_j \frac{\partial \ln\rho_{\rm ai}}{\partial \ln\rho_j}\eta_j = J_{ij}\eta_j, \quad i = 1, 2, \cdots, N \tag{5.2.9}$$

根据式(5.2.9)可知，将视极化率和极化率之间的非线性关系作线性近似，便可建立视极化率和极化率之间的线性关系，而 J_{ij} 为视电阻率对电阻率的偏导数矩阵，其在电阻率反演中已经被计算出。通过对式(5.2.9)施加光滑和参考模型约束，可得极化率的线性反演方程

$$(\boldsymbol{J}_\rho^{\rm T}\boldsymbol{W}_\eta^{\rm T}\boldsymbol{W}_\eta\boldsymbol{J}_\rho + \lambda_{\eta s}\boldsymbol{S}^{\rm T}\boldsymbol{S} + \lambda_{\eta b}\boldsymbol{B}^{\rm T}\boldsymbol{B})\boldsymbol{\eta} = \boldsymbol{J}_\rho^{\rm T}\boldsymbol{W}_\eta^{\rm T}\boldsymbol{\eta}_{\rm a} + \lambda_{\eta b}\boldsymbol{B}^{\rm T}\boldsymbol{B}\boldsymbol{\eta}_{\rm b} \tag{5.2.10}$$

通过求解一次方程(5.2.10)，即可获得地下极化率模型，所需计算量较少。式中 $\boldsymbol{W}_\eta$ 为极化率的加权矩阵；$\boldsymbol{\eta}$ 为极化率模型；$\boldsymbol{\eta}_{\rm a}$ 为实测极化率，$\boldsymbol{\eta}_{\rm b}$ 为背景极化率；$\lambda_{\eta s}$ 和 $\lambda_{\eta b}$ 分别为极化率反演的光滑和背景约束的阻尼因子。

若地下极化率参数较大，实测视极化率与极化率模型不满足线性关系时，需要构建形如式(5.2.1)的目标函数：

$$\Phi_\eta(\boldsymbol{m}_\eta) = \parallel \boldsymbol{W}_\eta [\boldsymbol{d}_{\eta a} - \boldsymbol{d}_{\eta c}(\boldsymbol{m}_\eta)] \parallel_2^2 + \lambda_{\eta s} \parallel \boldsymbol{S}\boldsymbol{m}_\eta \parallel_2^2 + \lambda_{\eta b} \parallel \boldsymbol{B}(\boldsymbol{m}_\eta - \boldsymbol{m}_{\eta b}) \parallel_2^2$$
$$\tag{5.2.11}$$

参数说明与上述类似。式(5.2.11)两端对模型参数 $\boldsymbol{m}_\eta$ 求偏导，并令其等于零，可得极化率的广义反演方程

$$(\boldsymbol{J}_\eta^{\rm T}\boldsymbol{W}_\eta^{\rm T}\boldsymbol{W}_\eta\boldsymbol{J}_\eta + \lambda_{\eta s}\boldsymbol{S}^{\rm T}\boldsymbol{S} + \lambda_{\eta b}\boldsymbol{B}^{\rm T}\boldsymbol{B})\Delta\boldsymbol{m}_\eta = \boldsymbol{J}_\eta^{\rm T}\boldsymbol{W}_\eta^{\rm T}\Delta\boldsymbol{d}_\eta - \lambda_{\eta s}\boldsymbol{S}^{\rm T}\boldsymbol{S}\boldsymbol{m}_\eta + \lambda_{\eta b}\boldsymbol{B}^{\rm T}\boldsymbol{B}(\boldsymbol{m}_{\eta b} - \boldsymbol{m}_\eta)$$
$$\tag{5.2.12}$$

式中 $\boldsymbol{J}_\eta = [\partial d_{\eta c i}/\partial m_{\eta j}]$ 为模拟视极化率数据对极化率参数的偏导数矩阵；$\Delta\boldsymbol{d}_\eta = \boldsymbol{d}_{\eta a} - \boldsymbol{d}_{\eta c}$ 为数据残差向量。

采用共轭梯度法求解方程(5.2.12)，可得模型参数修正量 $\Delta\boldsymbol{m}_\eta$，将其代入下式

$$\boldsymbol{m}_\eta^{(k+1)} = \boldsymbol{m}_\eta^{(k)} + \alpha\Delta\boldsymbol{m}_\eta \tag{5.2.13}$$

即可得到新的模型参数向量 $\boldsymbol{m}_\eta^{(k+1)}$，$\alpha$ 为迭代步长修正因子。重复上述迭代过程，直至迭代次数或数据拟合差满足终止条件，此时 $\boldsymbol{m}_\eta$ 即为预测的极化率模型。

对于方程(5.2.12)中偏导数矩阵 $\boldsymbol{J}_\eta$ 的计算，首先根据体极化介质视极化率的计算公式，给出第 i 个测点的极化率响应：

$$\eta_{\rm ai} = \frac{\rho_{\rm ai}^* - \rho_{\rm ai}}{\rho_{\rm ai}^*} \tag{5.2.14}$$

式中 $\rho_{\rm ai}$ 和 $\rho_{\rm ai}^*$ 分别为第 i 个测点的视电阻率和等效视电阻率。用第 i 个测点的极化率响应 $\eta_{\rm ai}$ 对第 j 个模型块的极化率 η_j 求导，得：

$$\frac{\partial \eta_{ai}}{\partial \eta_j} = \frac{\rho_{ai}}{(\rho_{ai}^*)^2} \frac{\partial \rho_{ai}^*}{\partial \eta_j} \tag{5.2.15}$$

那么，只需求出 $\partial \rho_{ai}^* / \partial \eta_j$ 即可。再根据等效电阻率公式：

$$\rho^* = \frac{\rho}{1-\eta} \tag{5.2.16}$$

式中 ρ 和 ρ^* 分别为电阻率和等效电阻率。则 $\partial \rho_{ai}^* / \partial \eta_j$：

$$\frac{\partial \rho_{ai}^*}{\partial \eta_j} = \frac{\partial \rho_{ai}^*}{\partial \rho_j^*} \cdot \frac{\partial \rho_j^*}{\partial \eta_j} = \frac{\partial \rho_{ai}^*}{\partial \rho_j^*} \cdot \frac{\rho_j}{(1-\eta_j)^2} = \frac{\partial \rho_{ai}^*}{\partial \rho_j^*} \cdot \frac{(\rho_j^*)^2}{\rho_j} \tag{5.2.17}$$

将式(5.2.17)代入式(5.2.15)中，经整理，得到第 i 点的视极化率对第 j 个模型块的极化率 η_j 的偏导数[74]：

$$J_{ij} = \frac{\partial \eta_{ai}}{\partial \eta_j} = \frac{\rho_{ai}}{\rho_j} \cdot \left(\frac{\rho_j^*}{\rho_{ai}^*}\right)^2 \cdot \frac{\partial \rho_{ai}^*}{\partial \rho_j^*} \tag{5.2.18}$$

为增强反演过程的稳定性，可将视极化率和极化率采用对数形式，则式(5.2.18)变换为：

$$J_{ij} = \frac{\partial \ln \eta_{ai}}{\partial \ln \eta_j} = \frac{\eta_j}{\eta_{ai}} \cdot \frac{\rho_{ai}}{\rho_j} \cdot \left(\frac{\rho_j^*}{\rho_{ai}^*}\right)^2 \cdot \frac{\partial \rho_{ai}^*}{\partial \rho_j^*} \tag{5.2.19}$$

极化率反演的偏导数矩阵与电阻率反演的偏导数矩阵在形式上类似，因此，只需将电阻率的反演过程略作修改便可完成极化率反演。极化率的线性与广义线性反演方法均是可行的，其中线性反演方法所需计算量少，在实际中应用较多，对于强极化异常体，广义线性反演方法的反演效果略优于线性反演方法，但计算量较大。

5.2.2 偏导数矩阵的混合计算方法

(1) 互换原理方法

在电阻率二维广义线性反演过程中，需要计算模拟视电阻率对地下电阻率的偏导数，它是电阻率二维反演的核心问题。Tripp(1984)介绍了利用互换原理来计算偏导数矩阵的方法[74]，阮百尧(2001)系统地推导了其计算过程[75]。与差分方法相比，由于其计算过程仅仅是结点电位的线性组合，计算量相对较少。

在电阻率反演过程中，考虑到电阻率的变化范围过大，视电阻率和模型电阻率均取对数。这样其偏导数矩阵 J 中的元素形式为：

$$J_{ij} = \frac{\partial \lg \rho_{ai}}{\partial \lg \rho_j} = \frac{\rho_j}{\rho_{ai}} \frac{\partial \rho_{ai}}{\partial \rho_j}, \quad i = 1, 2, \cdots, M, j = 1, 2, \cdots, N \tag{5.2.20}$$

式中 ρ_{ai} 为预测模型的视电阻率，它与 M 个实测视电阻率相对应；ρ_j 是 N 个预测

模型中的第 j 个模型参数。已知预测模型的视电阻率由电位 V 组合而成，则视电阻率对模型电阻率的偏导数矩阵的计算，可归为网格结点电位对模型电阻率偏导数矩阵的计算问题，即求 $\partial V/\partial \rho$。而电位 V 可以通过有限元数值模拟计算得到，即电位 V 可通过解下面的线性方程组求得：

$$KV = S \qquad (5.2.21)$$

式中 K 为 $N \times N$ 阶对称系数矩阵，其各项元素与模型电阻率分布和网格剖分有关；V 为 N 个网格结点的电位向量；S_f 为电流源向量，其元素除含电流源的网格结点处等于 1 外，其他元素均等于零。对式(5.2.21)两端求导，由于向量 S_f 与模型电阻率分布无关，有：

$$\frac{\partial(KV)}{\partial \rho_j} = \frac{\partial K}{\partial \rho_j}V + K\frac{\partial V}{\partial \rho_j} = 0$$

则：

$$K\frac{\partial V}{\partial \rho_j} = -\frac{\partial K}{\partial \rho_j}V \qquad (5.2.22)$$

在式(5.2.22)的右端项中，系数矩阵 K 和电位 V 已在正演计算中求得。$\partial K/\partial \rho_j$ 矩阵的元素等于系数矩阵 K 中的元素对第 j 个结点电阻率 ρ_j 的导数。根据有限元网格的剖分规律，由于 K 中仅有几个元素与 ρ_j 相关，所以 $\partial K/\partial \rho_j$ 矩阵中大部分元素是零。因此，$-(\partial K/\partial \rho_j) \cdot V$ 是已知的，可令它等于 D，$D = \{d_1, d_2, \cdots, d_N\}^T$ 为列向量。这样式(5.2.22)可写为：

$$K\frac{\partial V}{\partial \rho_j} = D \qquad (5.2.23)$$

由此可得：

$$\frac{\partial V}{\partial \rho_j} = K^{-1}D$$

$$= d_1K^{-1}\{1, 0, 0, \cdots, 0\}^T + d_2K^{-1}\{0, 1, 0, \cdots, 0\}^T + \cdots +$$

$$d_iK^{-1}\{0, 0, \cdots, 1, \cdots, 0\}^T + \cdots + d_NK^{-1}\{0, 0, 0, \cdots, 1\}^T \qquad (5.2.24)$$

根据式(5.2.24)可知，$d_iK^{-1}\{0, 0, 0, \cdots, 1, \cdots, 0\}^T$ 表示在第 i 个网格结点上供电流强度为 d_i 时各网格结点上的电位向量。式(5.2.24)表示所有模型结点分别供向量 D 中各元素的电流强度，分别计算所有网格结点的电位响应并求和，便得到所有模型网格结点的电位对第 j 个结点电阻率的导数。然而，在实际勘探中并不是所有网格结点都布设了测量电极，仅少数结点布设了测量电极。因此，第 i_A 结点供电第 j_M 结点测量时的电位为 $V(i_A, j_M)$，偏导数 $\partial V(i_A, j_M)/\partial \rho_j$ 表示所有网格结点分别供以向量 D 各元素大小的电流强度时 j_M 处电位的线性组合，即：

$$\frac{\partial V(i_A, j_M)}{\partial \rho_j} = d_1 V(1, j_M) + d_2 V(2, j_M) + \cdots + d_M V(M, j_M)$$

$$= \sum_{i=1}^{N} d_i V(i, j_M) \tag{5.2.25}$$

利用互换原理:

$$V(i_A, j_M) = V(j_M, i_A) \tag{5.2.26}$$

即在网格结点 i_A 处供电时结点 j_M 处的电位等于在网格结点 j_M 处供电时结点 i_A 处的电位。则式(5.2.25)可写为:

$$\frac{\partial V(i_A, j_M)}{\partial \rho_j} = \frac{\partial V(j_M, i_A)}{\partial \rho_j} = \sum_{i=1}^{N} d_i V(j_M, i) \tag{5.2.27}$$

即网格结点 i_A 处供电时,结点 j_M 处电位对第 j 个结点电阻率的导数 $\partial V(i_A, j_M)/\partial \rho_j$ 等价为网格结点 j_M 处供电时,所有网格结点上电位的线性组合。因此,在正演时依次计算和存储各供电和测量结点供单位电流时所有网格结点的电位,即可换算出任意观测装置的视电阻率对电阻率的偏导数矩阵 $\boldsymbol{J}$。

偏导数矩阵的计算步骤如下:

①正演模拟。对任一供电电极或测量电极供电时,利用乔里斯基分解法解刚度矩阵方程(5.2.21),并存储不同电极供电时(包括供电和测量电极)所有网格结点的电位。

②计算 $\partial \boldsymbol{K}/\partial \rho_j$, $j=1, 2, \cdots, N$。

③计算 $-(\partial \boldsymbol{K}/\partial \rho_j) \cdot \boldsymbol{V}$, $j=1, 2, \cdots, N$。

④利用式(5.2.27)计算 $\partial V(i_A, j_M)/\partial \rho_j$。

⑤根据观测装置并结合式(5.1.73)计算偏导数矩阵。

这里需要注意的是:对于电阻率二维反演问题,需根据波数个数重复①~②步,将波数域偏导数矩阵转化为空间域的偏导数矩阵。对于极化率广义线性反演,式(5.2.19)中视等效电阻率对等效电阻率的偏导数计算仍然采用本节方法。

(2)拟牛顿法

利用互换原理计算偏导数矩阵效果已经很好,但从电阻率二维反演的整个过程分析,大部分计算量仍主要耗费在偏导数矩阵的计算上。因此,这里采用拟牛顿法中的 Broyden 秩一校正公式来近似计算偏导数矩阵,计算公式为[76]:

$$\boldsymbol{B}_{k+1} = \boldsymbol{B}_k + \frac{(\boldsymbol{y}_k - \boldsymbol{B}_k \boldsymbol{s}_k) \boldsymbol{s}_k^{\mathrm{T}}}{\boldsymbol{s}_k^{\mathrm{T}} \boldsymbol{s}_k} \tag{5.2.28}$$

式中 $\boldsymbol{B}$ 为 Hessian 矩阵的近似,$\boldsymbol{s}_k = \boldsymbol{x}_{k+1} - \boldsymbol{x}_k$,$\boldsymbol{y}_k = \boldsymbol{g}_{k+1} - \boldsymbol{g}_k$,$\boldsymbol{x}$ 和 $\boldsymbol{g}$ 分别为解和一阶导数。Broyden 秩一校正有利于保持上一次迭代的信息,即更新得到的 $\boldsymbol{B}_{k+1}$ 最靠近 $\boldsymbol{B}_k$。当将该公式应用到电阻率反演中时,其参数含义分别为:$\boldsymbol{B}_k$ 为第 k 次迭代计算的偏导数矩阵;$\boldsymbol{B}_{k+1}$ 为更新后的偏导数矩阵;$\boldsymbol{s}_k$ 为第 k 次迭代模型参数的改正

量；g_k 和 g_{k+1} 分别为第 k 和 $k+1$ 次迭代的模拟视电阻率。由于偏导数矩阵的元素是模拟视电阻率的对数对模型参数的对数的导数，所以向量 s_k 和 g_k 要以对数形式参与计算。

(3)互换原理与拟牛顿法结合

采用 Broyden 秩一校正公式更新偏导数矩阵，可以大大加快反演的计算速度。然而，为确保每次迭代都能稳步收敛，将互换原理和 Broyden 更新技术结合起来计算偏导数矩阵，即先用互换原理计算偏导数矩阵，再在后续迭代中采用 Broyden 更新技术。下面通过反演算例来分析两种方法结合的可行性和结合方式。

对图 5.2.1 所示地电模型模拟对称四极电测深曲线，测深点数为 10 个，点号为 1000~1180，间距 20 m，最大电极距($AB/2$)220 m。在反演时将互换原理与拟牛顿法以不同的方式结合计算偏导数矩阵，图 5.2.2 为未加噪声的视电阻率断面及其反演结果，从图中可以看出，经反演后的断面图可以清晰分辨出地垒构造，即使仅第一次迭代采用互换原理计算偏导数矩阵，其余迭代采用 Broyden 更新技术，反演结果仍然很好，且经 6 次迭代后的均方误差为 1.5%。为检验 Broyden 更新技术计算偏导数矩阵的稳健性，对模拟数据加入[−10%，10%]的随机噪声，并再次对其以相应的结合方式进行反演，视电阻率断面及其反演结果如图 5.2.3 所示。可以看出，加入噪声对异常的分辨率几乎没有降低，并且反演仍能稳步收敛。对于 $GN=1$、$QN=5$ 的情况，迭代后的均方误差为 5.6%。图 5.2.4 和图 5.2.5 分别为加入噪声前后的误差收敛曲线和耗费时间曲线，由图可知，在未加入噪声和加入噪声的情况下，随着 GN 的增加，反演断面的分辨率和误差收敛曲线下降的幅度都没有明显变化，但反演耗费时间均呈线性增加。

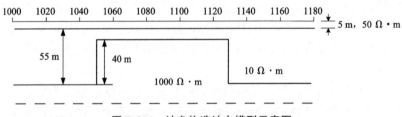

图 5.2.1　地垒构造地电模型示意图

从测试结果来看，采用 Broyden 更新技术计算偏导数矩阵是可行的。考虑到误差收敛曲线仅在前三次迭代下降明显且野外实测数据含有随机噪声，为确保每次反演迭代都能稳步收敛，在前两次或前三次迭代时，采用互换原理计算偏导数矩阵，在后续迭代中采用 Broyden 更新技术，这样可以保证在不降低反演分辨率的情况下加快反演的计算速度。

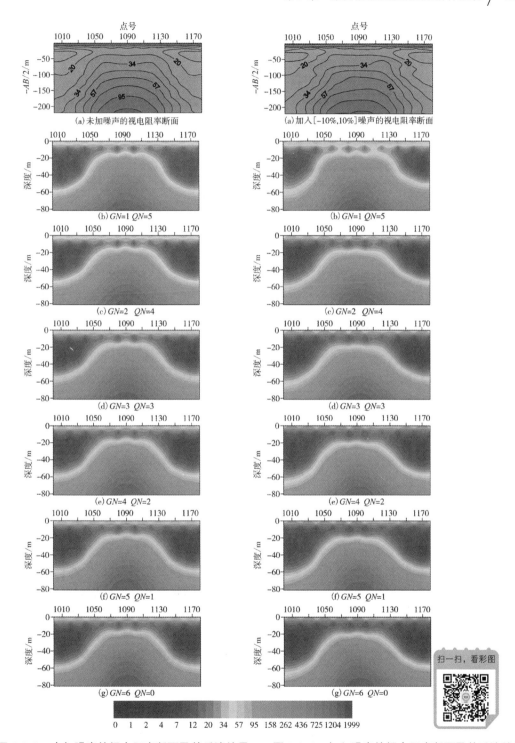

图 5.2.2　未加噪声的视电阻率断面及其反演结果　　图 5.2.3　加入噪声的视电阻率断面及其反演结果

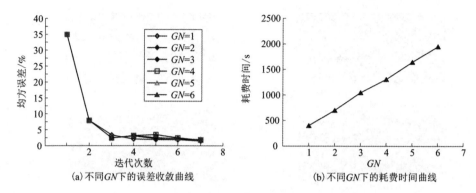

图 5.2.4　未加噪声反演的误差收敛和耗费时间曲线

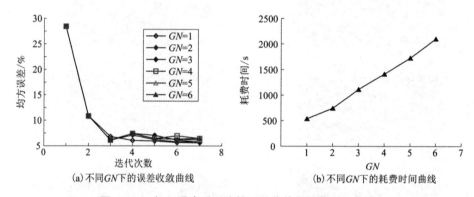

图 5.2.5　加入噪声后反演的误差收敛和耗费时间曲线

5.2.3　线性反演方程的共轭梯度法

共轭梯度法(conjugate gradient method, CG)最初是由计算数学家 Hestenes 和几何学家 Stiefel 于 1952 年求正定系数矩阵线性方程组时提出的, 他们的文章 *Method of conjugate gradients for solving linear systems* 被认为是共轭梯度法的奠基性文章。共轭梯度法是介于最速下降法与牛顿法之间的一种方法, 它仅需利用一阶导数信息, 既克服了最速下降法收敛慢的缺点, 又避免了牛顿法需要存储和计算 Hessen 矩阵并求逆的缺点。共轭梯度法是求解大型线性方程组和非线性优化问题最有效的算法之一。

对于线性方程

$$Ax = b \tag{5.2.29}$$

式中 A 为对称正定矩阵, x 为解向量, b 为右端项。采用经典共轭梯度法求解方程(5.2.29)，其递推过程如下[77]：

$$a_j = (\boldsymbol{g}^{(j)}, \boldsymbol{g}^{(j)})/(\boldsymbol{p}^{(j)}, \boldsymbol{A}\boldsymbol{p}^{(j)}) \tag{5.2.30}$$

$$\boldsymbol{x}^{(j+1)} = \boldsymbol{x}^{(j)} + a_j \boldsymbol{p}^{(j)} \tag{5.2.31}$$

$$\boldsymbol{g}^{(j+1)} = \boldsymbol{g}^{(j)} - a_j \boldsymbol{A}\boldsymbol{p}^{(j)} \tag{5.2.32}$$

$$\beta_{j+1} = (\boldsymbol{g}^{(j+1)}, \boldsymbol{g}^{(j+1)})/(\boldsymbol{g}^{(j)}, \boldsymbol{g}^{(j)}) \tag{5.2.33}$$

$$\boldsymbol{p}^{(j+1)} = \boldsymbol{g}^{(j+1)} + \beta_{j+1} \boldsymbol{p}^{(j)} \tag{5.2.34}$$

其中 $\boldsymbol{g}$ 和 $\boldsymbol{p}$ 分别为梯度向量和共轭方向向量，j 为迭代序号，a_j 和 β_{j+1} 为标量，分别表示 $\boldsymbol{x}$ 和 $\boldsymbol{p}$ 的修正因子。当 $j=0$ 时，

$$\boldsymbol{g}^{(0)} = \boldsymbol{p}^{(0)} = \boldsymbol{b} - \boldsymbol{A}\boldsymbol{x}^{(0)} \tag{5.2.35}$$

其中 $\boldsymbol{x}^{(0)}$ 为解向量的初始估计，可以为零向量。

对于电阻率线性反演方程

$$(\boldsymbol{J}_\rho^\mathrm{T} \boldsymbol{W}_\rho^\mathrm{T} \boldsymbol{W}_\rho \boldsymbol{J}_\rho + \lambda_{\rho s} \boldsymbol{S}^\mathrm{T} \boldsymbol{S} + \lambda_{\rho b} \boldsymbol{B}^\mathrm{T} \boldsymbol{B}) \Delta \boldsymbol{m}_\rho = \boldsymbol{J}_\rho^\mathrm{T} \boldsymbol{W}_\rho^\mathrm{T} \Delta \boldsymbol{d}_\rho - \lambda_{\rho s} \boldsymbol{S}^\mathrm{T} \boldsymbol{S} \boldsymbol{m}_\rho + \lambda_{\rho b} \boldsymbol{B}^\mathrm{T} \boldsymbol{B} (\boldsymbol{m}_{\rho b} - \boldsymbol{m}_\rho) \tag{5.2.36}$$

若令

$$\boldsymbol{G} = \begin{vmatrix} \boldsymbol{W}_\rho \boldsymbol{J}_\rho \\ \sqrt{\lambda_{\rho s}}\, \boldsymbol{S} \\ \sqrt{\lambda_{\rho b}}\, \boldsymbol{B} \end{vmatrix}, \quad \boldsymbol{x} = \Delta \boldsymbol{m}_\rho, \quad \boldsymbol{b} = \begin{vmatrix} \Delta \boldsymbol{d}_\rho \\ -\sqrt{\lambda_{\rho s}}\, \boldsymbol{S} \boldsymbol{m}_\rho \\ \sqrt{\lambda_{\rho b}}\, \boldsymbol{B}(\boldsymbol{m}_{\rho b} - \boldsymbol{m}_\rho) \end{vmatrix}$$

则电阻率线性反演方程(5.2.36)可变换为：

$$\boldsymbol{G}^\mathrm{T} \boldsymbol{G} \boldsymbol{x} = \boldsymbol{G}^\mathrm{T} \boldsymbol{b}$$

为避免矩阵直接相乘增加计算量或丢掉有用信息，可根据式(5.2.30)~式(5.2.34)导出求解方程(5.2.36)的共轭梯度算法的递推过程。首先根据式(5.2.30)，有

$$(\boldsymbol{G}\boldsymbol{p}^{(j)}, \boldsymbol{G}\boldsymbol{p}^{(j)}) = (\boldsymbol{W}_\rho \boldsymbol{J}_\rho \boldsymbol{p}^{(j)}, \boldsymbol{W}_\rho \boldsymbol{J}_\rho \boldsymbol{p}^{(j)}) + (\boldsymbol{S}\boldsymbol{p}^{(j)}, \lambda_{\rho s} \boldsymbol{S}\boldsymbol{p}^{(j)}) + (\boldsymbol{B}\boldsymbol{p}^{(j)}, \lambda_{\rho b} \boldsymbol{B}\boldsymbol{p}^{(j)}) \tag{5.2.37}$$

根据式(5.2.35)，有

$$\boldsymbol{g}^{(j)} = \boldsymbol{G}^\mathrm{T} \boldsymbol{b} - \boldsymbol{G}^\mathrm{T} \boldsymbol{G} \boldsymbol{x}^{(j)} = \boldsymbol{G}^\mathrm{T} [\boldsymbol{b} - \boldsymbol{G}\boldsymbol{x}^{(j)}] \tag{5.2.38}$$

再根据式(5.2.32)，则式(5.2.38)变为

$$\boldsymbol{g}^{(j)} = \boldsymbol{G}^\mathrm{T} [\boldsymbol{b} - \boldsymbol{G}\boldsymbol{x}^{(j-1)} - a_{j-1} \boldsymbol{G}\boldsymbol{p}^{(j-1)}]$$

若令

$$\begin{cases} \boldsymbol{h}^{(0)} = \boldsymbol{b} - \boldsymbol{G}\boldsymbol{x}^{(0)} \\ \boldsymbol{h}^{(j)} = \boldsymbol{h}^{(j-1)} - a_{j-1} \boldsymbol{G}\boldsymbol{p}^{(j-1)} \quad j \geqslant 1 \end{cases} \tag{5.2.39}$$

则式(5.2.38)可简化为

$$\boldsymbol{g}^{(j)} = \boldsymbol{G}^\mathrm{T} \boldsymbol{h}^{(j)} \tag{5.2.40}$$

综合式(5.2.37)、式(5.2.39)和式(5.2.40)，可得求解方程(5.2.36)的共

轭梯度法的递推过程：

$$a_j = (\boldsymbol{g}^{(j)}, \boldsymbol{g}^{(j)}) / [(\boldsymbol{Gp}^{(j)}, \boldsymbol{Gp}^{(j)}) + (\boldsymbol{Sp}^{(j)}, \lambda_{\rho s}\boldsymbol{Sp}^{(j)}) + (\boldsymbol{Bp}^{(j)}, \lambda_{\rho b}\boldsymbol{Bp}^{(j)})]$$

(5.2.41)

$$\boldsymbol{x}^{(j+1)} = \boldsymbol{x}^{(j)} + a_j\boldsymbol{p}^{(j)} \tag{5.2.42}$$

$$\boldsymbol{h}^{(j+1)} = \boldsymbol{h}^{(j)} - a_j\boldsymbol{Gp}^{(j)} \tag{5.2.43}$$

$$\boldsymbol{g}^{(j+1)} = \boldsymbol{G}^{\mathrm{T}}\boldsymbol{h}^{(j+1)} \tag{5.2.44}$$

$$\beta_{j+1} = (\boldsymbol{g}^{(j+1)}, \boldsymbol{g}^{(j+1)}) / (\boldsymbol{g}^{(j)}, \boldsymbol{g}^{(j)}) \tag{5.2.45}$$

$$\boldsymbol{p}^{(j+1)} = \boldsymbol{g}^{(j+1)} + \beta_{j+1}\boldsymbol{p}^{(j)} \tag{5.2.46}$$

假设初始解向量 $\boldsymbol{x}^{(0)} = 0$，并且当 $j = 0$ 时

$$\begin{cases} \boldsymbol{h}^{(0)} = \boldsymbol{b} \\ \boldsymbol{g}^{(0)} = \boldsymbol{p}^{(0)} = \boldsymbol{G}^{\mathrm{T}}\boldsymbol{h}^{(0)} \end{cases} \tag{5.2.47}$$

利用式(5.2.41)~式(5.2.47)可求解电阻率线性反演方程(5.2.36)。求解极化率线性反演方程 (5.2.10) 或方程 (5.2.12)的共轭梯度法的递推过程与此类似，限于篇幅，不再赘述。

5.2.4　迭代步长修正因子的计算方法

在实测电阻率/极化率数据反演中，受多方面因素的影响，即使对反演方程施加了多种约束信息，仍然不能保证每次反演迭代的数据拟合差总是下降的，这主要是反演问题的非线性程度较大，使得更新的模型参数越过极值点，向反方向前进。所以对每次迭代的步长进行修正是必要的，特别是前几次反演迭代过程。对于模型参数的更新公式为

$$\boldsymbol{m}^k = \boldsymbol{m}^{k-1} + \alpha\Delta\boldsymbol{m}^{k-1} \tag{5.2.48}$$

式中 α 为修正因子($0 < \alpha < 1$)，下面给出两种方法来确定修正因子 α。

(1)三点二次插值法[76]

考虑利用 α_1、α_2、α_3 三点处的函数值 $\varphi(\alpha_1)$、$\varphi(\alpha_2)$、$\varphi(\alpha_3)$ 构造二次函数。要求插值条件满足

$$\begin{cases} a\alpha_1^2 + b\alpha_1 + c = \varphi(\alpha_1) \\ a\alpha_2^2 + b\alpha_2 + c = \varphi(\alpha_2) \\ a\alpha_3^2 + b\alpha_3 + c = \varphi(\alpha_3) \end{cases} \tag{5.2.49}$$

解上述方程组得

$$a = -\frac{(\alpha_2 - \alpha_3)\varphi_1 + (\alpha_3 - \alpha_1)\varphi_2 + (\alpha_1 - \alpha_2)\varphi_3}{(\alpha_1 - \alpha_2)(\alpha_2 - \alpha_3)(\alpha_3 - \alpha_1)} \tag{5.2.50}$$

$$b = -\frac{(\alpha_2^2 - \alpha_3^2)\varphi_1 + (\alpha_3^2 - \alpha_1^2)\varphi_2 + (\alpha_1^2 - \alpha_2^2)\varphi_3}{(\alpha_1 - \alpha_2)(\alpha_2 - \alpha_3)(\alpha_3 - \alpha_1)} \tag{5.2.51}$$

于是可算出极值点的修正步长 α

$$\alpha = -\frac{b}{2a} = \frac{1}{2}\frac{(\alpha_2^2 - \alpha_3^2)\varphi_1 + (\alpha_3^2 - \alpha_1^2)\varphi_2 + (\alpha_1^2 - \alpha_2^2)\varphi_3}{(\alpha_2 - \alpha_3)\varphi_1 + (\alpha_3 - \alpha_1)\varphi_2 + (\alpha_1 - \alpha_2)\varphi_3} \tag{5.2.52}$$

在计算修正步长之前，首先要计算出 $m^{k-1} + \alpha_1 \Delta m^{k-1}$、$m^{k-1} + \alpha_2 \Delta m^{k-1}$、$m^{k-1} + \alpha_3 \Delta m^{k-1}$ 三点处的模拟与实测数据的拟合差 $\varphi(\alpha_1)$、$\varphi(\alpha_2)$、$\varphi(\alpha_3)$。特别地，取 α_1、α_2、α_3 分别为 0、0.5、1，在 $\alpha_1 = 0$ 时，$\varphi(0)$ 已经在前一次反演迭代时计算出，再作两次额外的正演，计算出 $\varphi(0.5)$ 和 $\varphi(1)$。然后将 $\alpha_1 = 0$、$\alpha_2 = 0.5$、$\alpha_3 = 1$ 及其对应的函数值 $\varphi(0)$、$\varphi(0.5)$、$\varphi(1)$ 代入式 (5.2.52) 中，便得到极值点处的修正因子 α。

（2）黄金分割搜索法[76]

在方法（1）中，要作两次额外正演才能算出迭代步长的修正因子。而在本方法中，将仅作一次额外正演，然后采用 0.618 黄金分割搜索法，得到相对较好的修正因子。首先在 $\alpha = 1$（即 $m^k = m^{k-1} + \Delta m^{k-1}$）处作一次正演，计算出正演值 $f(1)$，$\alpha = 0$ 处的正演值 $f(0)$ 已在前一次正演中计算出，可构造线性插值公式

$$f(\alpha) = af(0) + (1-a)f(1) \tag{5.2.53}$$

式中 $f(\alpha)$ 为 α 处的正演值。接着可得拟合差函数

$$\varphi(a) = \sum [f - f(a)]^2 \tag{5.2.54}$$

式中 f 为观测数据。根据已计算出的 $\varphi(0)$ 和 $\varphi(1)$，就可以采用 0.618 黄金分割搜索法在 $\varphi(0)$ 和 $\varphi(1)$ 之间搜索使 $\varphi(a)$ 取得极小的 α 值。

0.618 黄金分割搜索法要求一维搜索的函数是单峰函数，为避免出现非单峰函数的情况，Höpfinger（1976）建议每次缩小区间时，不要只比较两个内点处的函数值，而要比较两个内点和两个端点的函数值。当左边第一个或第二个点是这四个点中函数值最小的点时，丢弃右端点，构造新的搜索区间；否则丢弃左端点，构造新的搜索区间。经过这样的修改，算法更加可靠。具体搜索步骤如下：

①确定初始搜索区间 $[a_1, b_1]$ 和精度要求 $\delta > 0$，在这里 $a_1 = 0$，$b_1 = 1$。然后计算两内点

$$\begin{cases} x_1 = a_1 + 0.382(b_1 - a_1) \\ y_1 = a_1 + 0.618(b_1 - a_1) \end{cases}$$

并计算函数值 $\varphi(a_1)$、$\varphi(x_1)$、$\varphi(y_1)$、$\varphi(b_1)$。比较函数值，令 $i = 1$，$\varphi_i \Leftarrow \min\{\varphi(a_1), \varphi(x_1), \varphi(y_1), \varphi(b_1)\}$。

②$\varphi \Leftarrow \varphi_t$，若 $t < 3$（前两个函数值较小），转步④；否则，转步③。

③若 $b_i - a_i < \delta$，则停止计算，输出修正因子 $\alpha \Leftarrow y_i$。否则，令

$$a_{i+1} \Leftarrow x_i, \ x_{i+1} \Leftarrow y_i, \ b_{i+1} \Leftarrow b_i$$

$$\varphi(a_{i+1}) \Leftarrow \varphi(x_i), \ \varphi(x_{i+1}) \Leftarrow \varphi(y_i)$$

$$y_{i+1} \Leftarrow a_{i+1} + 0.618(b_{i+1} - a_{i+1})$$

计算 $\varphi(y_{i+1})$，如果 $(-1)^{-t}\varphi_3 < (-1)^{-t}\varphi$，令 $t \Leftarrow t-1$，转步②；否则，直接转步②。

④若 $b_i - a_i < \delta$，则停止计算，输出修正因子 $\alpha \Leftarrow x_i$。否则，令

$$a_{i+1} \Leftarrow a_i, \ b_{i+1} \Leftarrow y_i, \ y_{i+1} \Leftarrow x_i$$

$$\varphi(b_{i+1}) \Leftarrow \varphi(y_i), \ \varphi(y_{i+1}) \Leftarrow \varphi(x_i)$$

$$x_{i+1} \Leftarrow a_{i+1} + 0.382(b_{i+1} - a_{i+1})$$

计算 $\varphi(x_{i+1})$，如果 $(-1)^{-t}\varphi_2 \leqslant (-1)^{-t}\varphi$，令 $t \Leftarrow t+1$，转步②；否则，直接转步②。

经 i 次搜索，找到相对较优的修正因子 α，便可根据式(5.2.48)计算出下一次反演迭代的模型参数。在反演过程中，前几次迭代模型参数的修正量较大，引入修正迭代步长的正则化方法可有效提高反演的稳定性。

5.3 电阻率/极化率二维正反演程序开发

在直流激电正演模拟与反演成像算法的基础上，考虑到观测装置、观测空间、观测噪声、操作方便及高效性等因素，设计研发了电阻率/极化率二维正反演程序。该程序基于 VC++ 开发平台，具有 Windows 图形可视化界面，操作简单方便，运行稳定，计算效率较高。本章将介绍该程序的框架设计、正反演功能及应用实例。

5.3.1 电阻率/极化率二维正演程序

(1)正演程序框架设计

正演程序设计基于 Windows 属性页窗体结构，包括一个主窗体及 4 个子窗体。子窗体用于导入数据、设置网格结点、给定模型结点电性参数及监测正演计算过程等，为主窗体提供构建地电模型窗口，程序结构如图 5.3.1 所示。主窗体集成了直流激电正演模拟的核心算法，用于执行和退出正演操作，并将正演过程中的中间信息(结点总数、方程求解进程、内存使用及耗费时间等)实时反馈给监测进程子窗体。正演程序 DCIP2DMod 主界面如图 5.3.2 所示。

(2)正演程序操作流程

正演程序操作较为简单，按顺序依次执行导入数据、创建结点、创建模型和开始正演等，计算结束后将正演模拟数据保存到文件，具体操作过程如下：

①导入数据

启动程序，在"导入数据"选项卡中，点击方框 1 中的"读取数据文件"按钮，读取供电和测量电极的空间分布和反映观测装置的数据文件，文件格式如表 5.3.1 所示。如果文件读取正确，电极的空间分布信息显示在方框 2 中，文件路径和电极分布与观测的完整信息显示在方框 3 中，如图 5.3.3 所示。

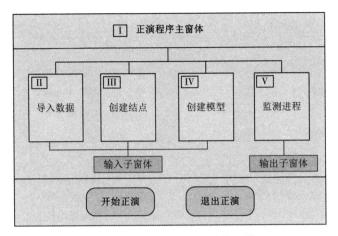

图 5.3.1　正演模拟程序结构设计

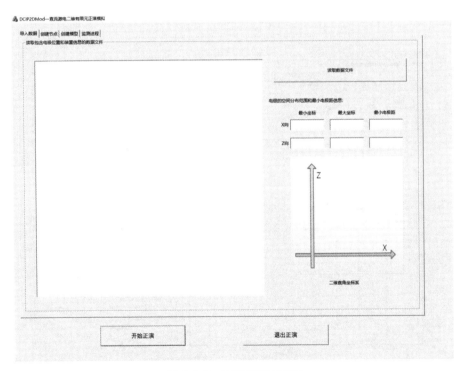

图 5.3.2　正演程序主界面

表 5.3.1　正演数据文件格式

数据文件信息	数据描述
m	电极个数
PNumber[1]　XC[1]　ZC[1] PNumber[2]　XC[2]　ZC[2] … PNumber[m]　XC[m]　ZC[m]	第 1 列：电极编号(1，2，…) 第 2 列：电极 X 坐标 第 3 列：电极 Z 坐标
N	模拟数据个数
ArrType[1]　A[1]　B[1]　M[1]　N[1] ArrType[2]　A[2]　B[2]　M[2]　N[2] … ArrType[N]　A[N]　B[N]　M[N]　N[N]	第 1 列：装置类型(2，3，4) 第 2 列：A 电极编号 第 3 列：B 电极编号 第 4 列：M 电极编号 第 5 列：N 电极编号
0　0　0	文件结束标志

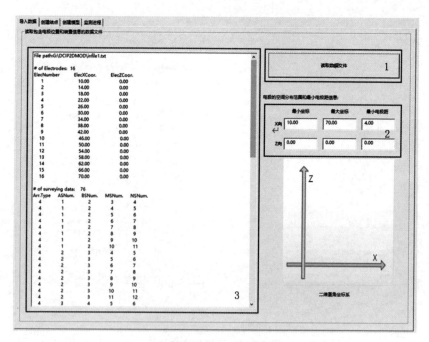

图 5.3.3　导入数据界面

②创建结点

数据导入成功后，点击"创建结点"选项卡，如图 5.3.4 所示。地电模型的 X、

Z 坐标范围将显示在方框 4 中，可以根据需要调节 X、Z 方向模型单元和模拟单元的尺寸。设置好单元尺寸后，在方框 5 中点击"创建结点"按钮，模型网格结点将显示在列表框中，并在方框 6 中显示 X、Z 方向的模型结点数和总结点数。若网格结点不采用均匀剖分或者剖分网格需要以后重复利用，可点击"导出结点"按钮，将网格剖分的结点信息保存到文件。如果需要修改结点文件，则点击"修改结点"按钮，结点文件将通过记事本打开，即可通过手工修改结点文件，修改完成后，再点击"导入结点"按钮，即可将修改后的结点文件导入程序中。为确保正演模拟的精度，需要在方框 7 中对地电模型网格进行一定程度的外延，给定外延区域的最小剖分单元，通过调节外延结点数，可以增大或减小模型网格边界到截断边界的距离，并显示最大与最小剖分单元的比值，从而指示构建有限元刚度矩阵的病态程度（该值越大，其病态程度越高），同时显示外延区域与模型区域的比值，比值越大，截断边界的影响越小。

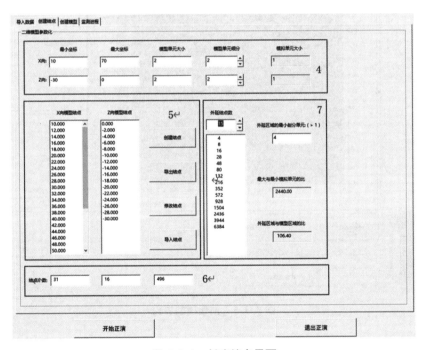

图 5.3.4 创建结点界面

③创建模型

创建结点过程完成后，点击"创建模型"选项卡，创建模型窗口的初始界面如图 5.3.5 所示。方框 8 区域显示模型网格结点的电阻率或极化率，初始模型是电阻率和极化率分别为 $100\,\Omega\cdot m$ 和 2% 的均匀半空间模型。在方框 9 中，通过设置单选按钮选项，可在方框 8 中显示电阻率或极化率彩色填充图。在方框 10 中，默认情况下，修改地电模型的复选框处于未选中状态，鼠标在方框 8 中移动，可以查询鼠标位置的电阻率和极化率，查询结果显示在方框 10 中的编辑框中。若勾选修改地电模型复选框，即可修改方框 8 中的地电模型，其异常区的电阻率和极化率可在方框 10 中的电阻率和极化率编辑框中设定，然后可以通过在方框 8 中按住鼠标左键并拖动，改变地电模型圈定区域的电阻率和极化率，例如构建低阻高极化的倾斜板状体模型（电阻率为 10 Ω·m，极化率为 10%），建模结果如图 5.3.6 所示。

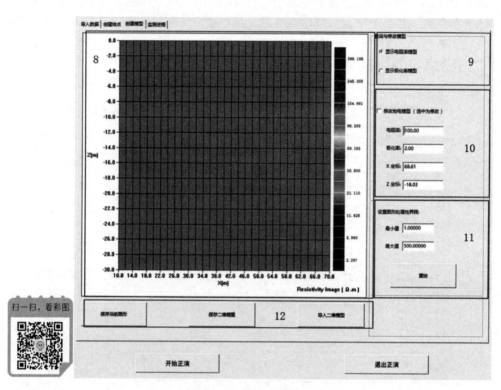

图 5.3.5 创建模型界面

在方框 11 中，可通过改变模型参数上下界限重绘地电模型，从而改变显示效果。在方框 12 中，点击"保存当前图形"按钮，可以将地电模型保存成位图文件。点击"保存二维模型"按钮，可以将地电模型的电性参数保存到文件。若后期需要使用该地电模型，可在"创建结点"选项卡中先导入事先保存的模型结点文件，再点击"导入二维模型"按钮，将事先保存的模型文件重新导入程序中。

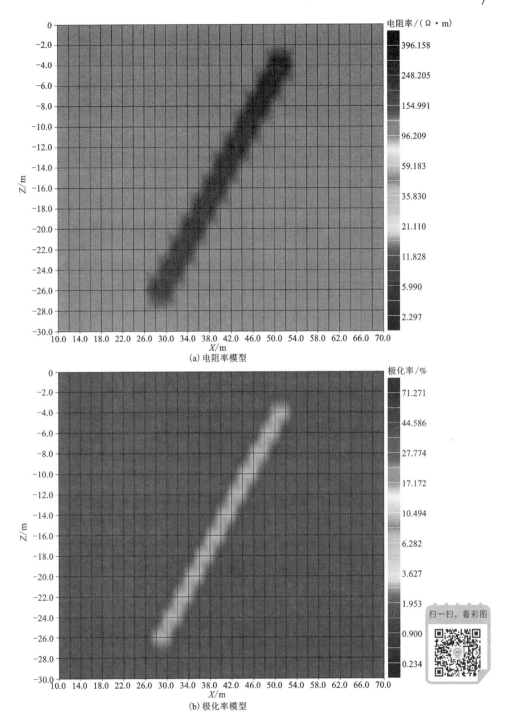

(a) 电阻率模型

(b) 极化率模型

图 5.3.6　构建倾斜板状体模型

④开始正演

创建模型完成后，点击主窗体"开始正演"按钮，程序开始正演模拟计算，并在"监测进程"选项卡中实时显示正演模拟的耗费时间、占用内存和计算进度等，如图5.3.7所示。正演模拟结束后，点击"保存模拟结果"按钮，将正演模拟结果保存到文件，然后点击"查看模拟结果"按钮，可通过记事本查看模拟数据。

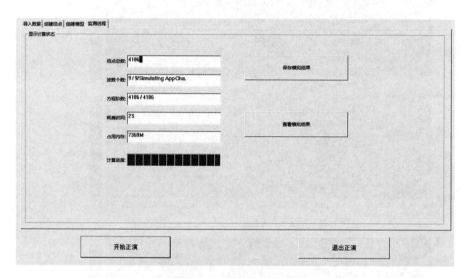

图5.3.7　监测进程界面

(3)模拟算例

为检验程序的模拟效果，下面构建一低阻高极化模型，围岩的电阻率和极化率分别为100 Ω·m和2%，异常体的电阻率和极化率分别为10 Ω·m和10%，异常体大小如图5.3.8(a)和图5.3.8(b)所示。观测装置采用温纳装置，电极60根，电极间距5 m，模拟数据个数为552个。地电模型的网格剖分结点数为36312个，波数选取12个，在主频4 Hz的PC机上，正演模拟的总耗时为38 s，视电阻率和视极化率的二维正演模拟结果分别如图5.3.8(c)和图5.3.8(d)所示，可以看出视电阻率和视极化率拟断面图的对称性均较好，并且低阻高极化异常的分布规律与真实地电模型的异常形态较为符合，验证了正演模拟程序的正确性。

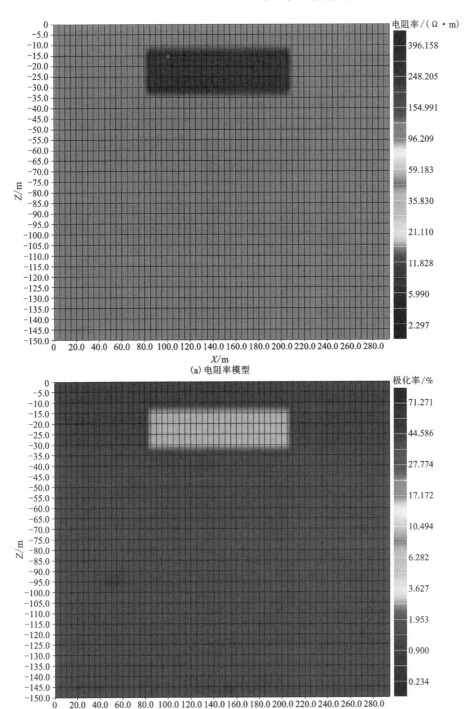

(a) 电阻率模型

(b) 极化率模型

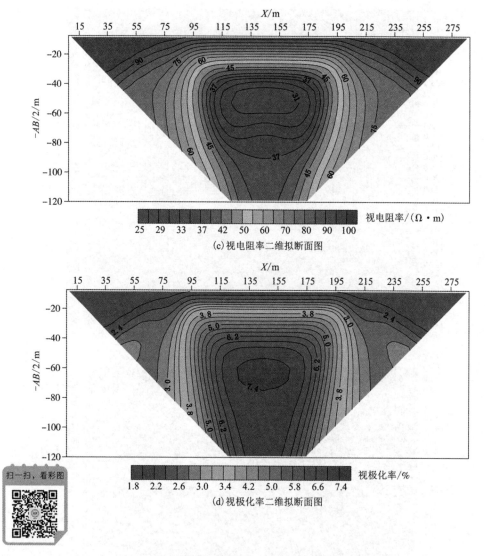

图5.3.8 视电阻率和视极化率的二维正演模拟结果

5.3.2 电阻率/极化率二维反演程序

（1）反演程序框架设计

反演程序包括一个主窗体和5个子窗体。主窗体集成了用于反演的核心算法，子窗体是数据输入输出和参数设计的接口，包括文件操作、网格剖分、反演设置、地电模型和反演进程等，程序结构如图5.3.9所示，反演程序主界面如图5.3.10所示。

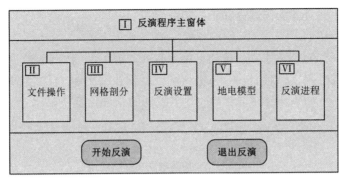

图 5.3.9 反演程序结构设计

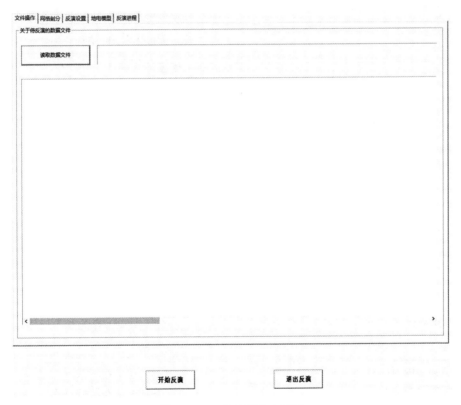

图 5.3.10 反演程序主界面

(2)反演程序操作流程

反演程序操作与正演程序操作流程类似，按顺序依次执行文件操作、网格剖分、反演设置、地电模型和开始反演等，反演结束后，将反演模型数据保存到文件。反演程序的具体操作过程如下：

①文件操作

启动程序，在"文件操作"选项卡中，点击方框 1 中的"读取数据文件"按钮，读取实测的视电阻率(或阻抗)、视极化率及高程数据文件，反演数据文件格式如表 5.3.2 所示。如果文件读取正确，观测数据的全部信息将显示在方框 2 中，如图 5.3.11 所示。

表 5.3.2　反演数据文件格式

数据文件信息	数据描述
SurveyLine#	测线号
RFlag	0：数据为电阻率，1：数据为阻抗
IPFlag	0：无极化率，1：有极化率
TFlag	0：地形水平，1：地形起伏
n	实测数据个数
ArrType[1] AX[1] AZ[1] BX[1] BZ[1] MX[1] MZ[1] NX[1] NZ[1] AppRes[1] AppIP[1] ArrType[2] AX[2] AZ[2] BX[2] BZ[2] MX[2] MZ[2] NX[2] NZ[2] AppRes[2] AppIP[2] ArrType[3] AX[3] AZ[3] BX[3] BZ[3] MX[3] MZ[3] NX[3] NZ[3] AppRes[3] AppIP[3] ArrType[4] AX[4] AZ[4] BX[4] BZ[4] MX[4] MZ[4] NX[4] NZ[4] AppRes[4] AppIP[4] … ArrType[N] AX[N] AZ[N] BX[N] BZ[N] MX[N] MZ[N] NX[N] NZ[N] AppRes[N] AppIP[N]	第 1 列：装置类型(2，3，4) 第 2、3 列：A 电极 X、Z 坐标 第 4、5 列：B 电极 X、Z 坐标 第 6、7 列：M 电极 X、Z 坐标 第 8、9 列：N 电极 X、Z 坐标 第 10、11 列：视电阻率、视极化率 注：若未采集极化率，则无 11 列。 其中：Z 坐标为电极至地表的距离，若电极在地表则 Z 坐标为 0
0　0　0	实测数据块结束标志
m	高程个数
EX[1]　EZ[1] EX[2]　EZ[2] … EX[M]　EZ[M]	第 1 列：地表 X 坐标 第 2 列：地表 Z 坐标(高程) 若地形水平，则无高程数据
0　0　0	高程数据块结束标志

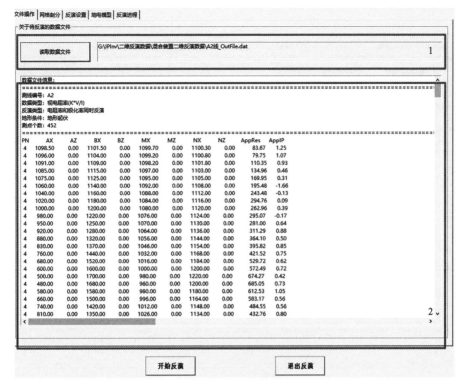

图 5.3.11　文件操作界面

②网格剖分

数据文件读取成功后，点击"网格剖分"选项卡，如图 5.3.12 所示。在方框 4 中将显示供电电极和测量电极在 X 和 Z 方向的分布范围，以便于在方框 3 中设计反演区域，其中 X 方向的反演区域 $[XMin, XMax]$ 可以涵盖所有电极，也可以仅涵盖测量电极，Z 方向的反演区域 $[0, ZMax]$ 可设计为最大供电极距 AB 的 1/4，也可根据工区电性情况进行调整。确定反演区域后，在方框 6 中设计反演区域的网格剖分，包括 X 和 Z 方向的网格剖分，其中 X 方向采用均匀网格，Z 方向可以采用均匀或非均匀网格。为确保正演模拟精度，可以在方框 7 中设计相邻电极之间剖分的网格数，比如 2 个。设置完网格剖分方式后，在方框 8 中点击"生成网格结点"按钮，将在其左侧两个列表框中生成 X 和 Z 方向的模拟网格剖分结点，用于反演中的正演模拟计算，在其右侧两个列表框中生成 X 和 Z 方向的模型网格剖分结点，用于反映地电模型的电性参数。若网格结点需要重复利用或在此基础上进行修改，则点击"保存网格结点"按钮，将其保存到文件，然后点击"修改网格结点"按钮，用记事本打开网格结点文件进行修改，再点击"导入网格结点"按钮，将其重新导入反演程序。

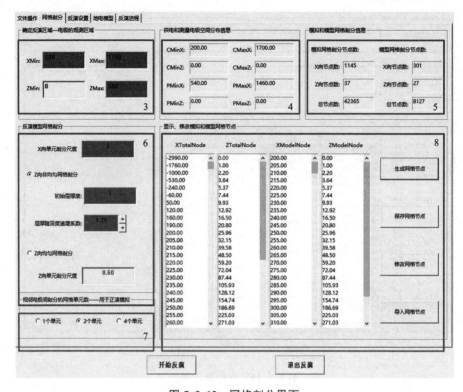

图 5.3.12　网格剖分界面

③反演设置

点击"反演设置"选项卡，如图 5.3.13 所示。在方框 9 中设置反演迭代次数、初始阻尼因子以及用互换原理法计算偏导数矩阵的次数。在方框 10 中设置极化率反演方法，选取线性反演或广义线性反演。在方框 11 中，设置电阻率模型参数的上下界限。

④地电模型

点击"地电模型"选项卡，如图 5.3.14 所示。在方框 12 区域，显示反演区域模型网格结点的电阻率、极化率以及电阻率和极化率的约束强度。在方框 13 中，若"修改属性信息"复选框处于未选中状态，则在方框 12 中移动鼠标，可以在方框 13 的编辑框中显示鼠标所在位置的 X 和 Z 坐标、电阻率和极化率以及电阻率和极化率的约束强度（其值越大，约束能力越强）；若"修改属性信息"复选框处于选中状态，则可以修改地电断面某个区域的电阻率和极化率以及电阻率和极化率的约束强度，首先根据反演区域的已知地质或钻孔资料，在电阻率和极化率的编辑框中输入较准确的属性值，在电阻率和极化率约束强度的编辑框中输入较大的

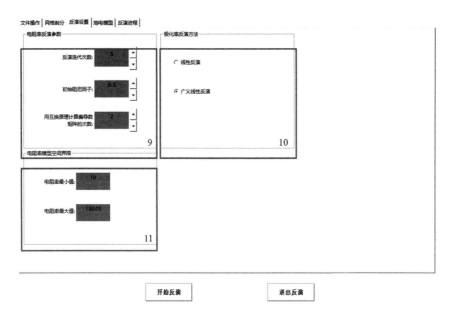

图 5.3.13　反演设置界面

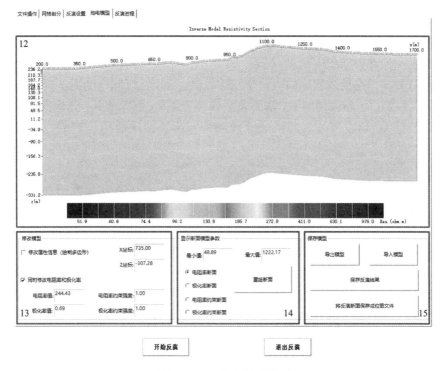

图 5.3.14　地电模型界面

约束值(如100),然后在方框12的图形区域,对需要修改的区域点击鼠标左键绘制多边形,并以鼠标左键双击结束,则该多边形区域结点的属性值和约束强度将被修改,在反演中该区域的属性值变化很小甚至不变,达到了强约束的目的。在方框14中,通过选择电阻率断面、极化率断面、电阻率约束断面或极化率约束断面,在方框12中显示相应属性值,并且可以通过改变断面属性的上下界限,再重新绘制,从而改变图形的显示效果。在方框15中,点击"将反演断面保存成位图文件"按钮,可将方框12中的图形保存到文件;点击"保存反演结果"按钮,可以将电阻率和极化率的反演数据和地形切割数据保存到文件,以便于采用 Surfer 软件绘制等值线;考虑到当前反演结果可能作为后期反演的初始模型,可点击"导出模型"按钮,将当前反演的网格结点的物性值保存到文件,后期使用时,先在"网格剖分"选项卡方框8中"导入网格结点",再在方框15中导入模型,即可在现有基础上重新进行人机交互反演。

⑤开始反演

在文件操作、网格剖分和反演设置完成后,可直接点击主窗体"开始反演"按钮,程序将自动显示"反演进程"选项卡,如图5.3.15所示。在反演过程中,将实时显示反演迭代次数、平均均方误差、反演耗费时间、内存使用情况及反演计算过程等。为直观查看反演过程稳定与否以及数据拟合情况,程序将实时绘制误差收敛曲线和实测数据与模拟数据的交汇图。反演过程中,也可在"地电模型"选项卡中显示和保存中间反演结果。

激电数据二维反演程序的人机交互性较强,可以实现同一断面上多种观测装置的联合反演,包括剖面装置(联剖和中梯装置等)、测深装置(对称四极、三极和偶极装置等)以及井中、井地任意观测装置等。程序通用性较强,反演效果较好。

(3)反演算例

下面对山东某金矿实测激电数据进行二维反演,以检验本章反演程序的有效性。矿区地层岩性主要为弱片麻状中粗二长花岗岩,岩石呈灰白色,中粒花岗变晶结构,弱片麻状、块状构造,矿物成分主要有石英、斜长石、微斜长石、黑云母,是金矿的主要控矿、容矿围岩。对该区典型岩(矿)石标本测定分析,花岗岩和花岗闪长岩的电阻率平均值在2800 $\Omega \cdot m$ 以上,极化率在5%以下;变质岩电阻率相对较低,电阻率在400 $\Omega \cdot m$ 左右,极化率在4%以下;蚀变花岗岩和破碎花岗岩的电阻率介于两者之间,电阻率一般为800~1740 $\Omega \cdot m$,岩石经矿化蚀变后,极化率明显升高,一般在7%以上,蚀变矿化强烈的富矿石则更高,极化率达20%以上。该区物探特征总体表现为:变质岩的电阻率和极化率均较低,与其他岩性有明显差异;花岗岩、花岗闪长岩类具有高阻中等极化率特征;碎裂岩和蚀变岩类极化率较高,且随着硫化矿物含量的增加而增大。蚀变岩型金矿金含量往

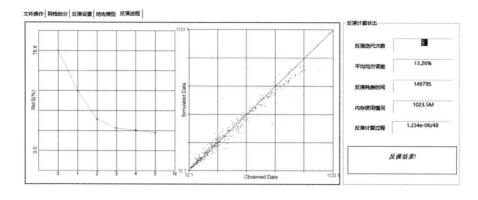

图 5.3.15　反演进程界面

往与硫化物的含量关系密切，且成正相关关系，根据这一特性可利用激电法寻找硫化矿物富集体，以达到间接寻找金矿体的目的。

数据采集采用双边供电三极阵列观测方式，测线长度为 2000 m，点距 50 m，测量电极数 41 个。测量电极部署在测线中间部位，供电电极 A 在相邻测量电极中间和排列两侧的 58 个不同位置供电。在任一供电电极位置供电时，40 通道的接收机同时记录信号。B 极垂直测线布设，距离测线 5 km。对采集的数据作初步整理，剔除其中的突变点，并绘制拟断面图。记录点在横向上记录在相邻测量电极的中点 O，纵向视深度为 AO（供电电极 A 到 O 点的水平距离），绘制的正向和反向装置视电阻率和视极化率拟断面图如 5.3.16 所示，从图上可看出，各拟断面图上均不同程度地出现了"静态位移"现象，纵向分辨率较低，很难根据拟断面图作出合理的推断解释。

对图 5.3.16 所示激电测深数据进行二维反演（由于缺少已知资料，反演中仅采用自动迭代方式）。电阻率和极化率二维反演结果如图 5.3.17 所示，极化率二维反演断面在 800~1600 号测点范围、标高−600~50 m 存在明显的极化率异常反应，且在电阻率二维反演断面上，该范围处于围岩与岩体的电性梯度带上，总体呈中低阻高极化异常特征。在 1200 号点开展钻探验证（钻孔位置已在图 5.3.17 中标出），钻孔方位 280°、倾角 80°，设计孔深 650 m，在不同深度揭露金矿脉。另外，在 450~750 号测点、标高 0~−400 m 范围内存在一弱极化异常，推断为成矿的有利部位。

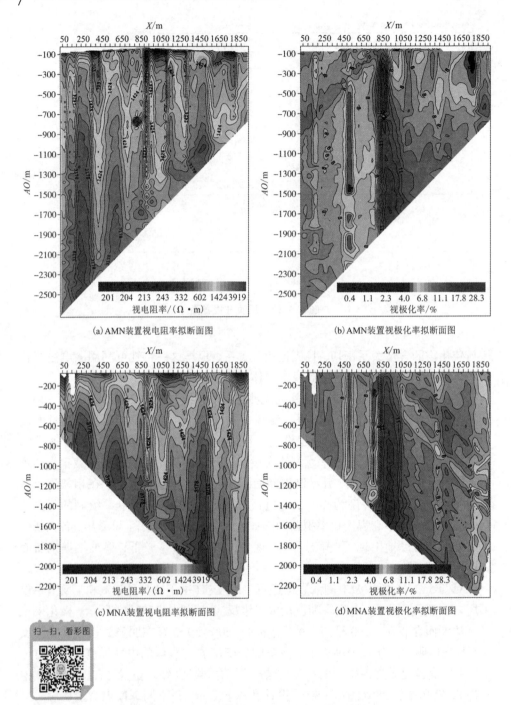

(a) AMN装置视电阻率拟断面图

(b) AMN装置视极化率拟断面图

(c) MNA装置视电阻率拟断面图

(d) MNA装置视极化率拟断面图

扫一扫，看彩图

图5.3.16　某金矿双边三极阵列激电测深拟断面图

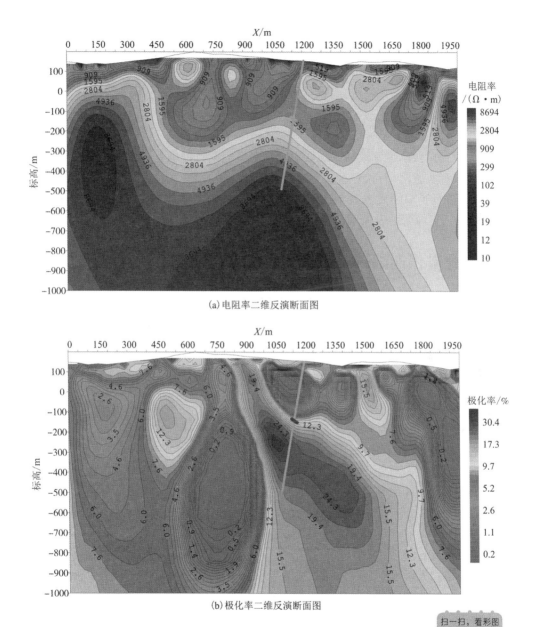

(a)电阻率二维反演断面图

(b)极化率二维反演断面图

图 5.3.17　某金矿双边三极阵列激电测深二维反演图

第6章 西部特殊地貌景观区
双频激电法应用研究

为研究对西部特殊地貌景观区更具针对性的双频激电系统，在我国西部等特殊地貌景观实验区(甘肃祁连山、云南三江、西藏驱龙、广西泗顶、甘肃金川等典型地区)进行了双频激电系统实验[78-81]，下面将介绍双频激电法在甘肃祁连山、广西泗顶、青海都兰及新疆清河等实验区的应用情况。

6.1 甘肃祁连山铜矿勘查实验研究

为了检验双频激电系统在高寒、早晚温差大、地形起伏严重、交通不便等恶劣条件下的稳定性与采集精度、工作效率与效果及仪器系统的功耗等问题，选择了山势陡峭、气候寒冷的甘肃祁连山东段地区作为实验区[79]。

6.1.1 甘肃祁连山实验区地理概况

实验区位于石居里铜矿北西，距肃南裕固族自治县县城 35 km，行政区划隶属甘肃省肃南裕固族自治县，地理坐标分别为：东经 99°18′~99°24′，北纬 38°35′~38°50′，面积为 20 km²。

实验区处于祁连山西段高山区，山势陡峭，工区海拔多在 4000 m 以上，属大陆性高山气候，四季变化很明显，冬春季长而寒冷，夏秋季短而凉爽，日平均最高气温达 12℃，最低达−20℃，年平均气温 0.6℃，昼夜温差较大，每年 5—9 月适合开展野外工作。年降水量为 340 mm，降雨多集中在 7—8 月，测区东部水系发育，主要有石居里 1~8 号沟。

实验区内人烟稀少，仅在测区东南面隆畅河沿线及测区石居里沟口有少量的裕固族、藏族、蒙古族等游牧民以放牧为生，除石居里有几个小型铜矿外，无其他工业基础。区内交通十分落后，80%的实验区与简易公路的距离大于 4 km，生活供应困难。

实验区内人文干扰主要来自石居里生产矿山工业用电和运矿直流电机车的干扰。这些干扰主要集中在测区的东南部，西北部无大的人文干扰源。

6.1.2 甘肃祁连山实验区地质概况

实验区位于北祁连造山带西段。区内地层属秦祁昆地层区，从太古界到新生界均有分布，整体呈北西向展布。

（1）地层

区内地层自老至新简述如下：

① 前长城系北大河岩群（AnChbd）：为一套低角闪岩相变质岩系，原岩属海相碎屑岩-火山岩建造，主要岩性有云母石英片岩、斜长角闪片岩、黑云斜长片麻岩夹大理岩、含碧玉条带状磁铁矿。

②长城系朱龙关群（Chzh）：为浅变质碎屑岩、火山岩、火山碎屑岩。

③蓟县系（Jx）：为一套绿片岩相变质岩系，主要岩性有千枚状板岩、石英岩、灰岩夹铁铜矿层。

④青白口系龚岔群（Qngn）：为一套浅变质碎屑岩，岩性为变质砂岩、板岩夹石英岩、灰岩等。

⑤震旦系（Z）：为一套海相碎屑岩及冰积碎屑岩建造，由板岩、砂岩、砾岩组成。

⑥寒武系（Є）：为绿片岩相碎屑岩、火山岩、火山碎屑岩。

⑦奥陶系（O）：为一套碎屑岩-火山岩、火山碎屑岩建造，属浅变质地层。

⑧志留系（S）：为一套浅海相碎屑岩沉积，从下到上分为三个组，岩性从绿色碎屑岩—杂色（红、绿）碎屑岩—紫红色碎屑岩变化，在上部紫红色碎屑岩和绿色碎屑岩之间有含铜砂岩层出现。

⑨泥盆系（D）—第四系：除石炭系含煤、三叠系中有锑矿分布外，目前均未发现其他矿种。

（2）构造

测区地处北祁连山加里东褶皱带西段，褶皱、断裂发育。北西向韧-脆性断裂为该区之主体构造，切割各时代地层的大小不等的断块产出为岩浆活动、热液活动提供了有利通道，控制了区内矿产的分布，其派生的次级构造为矿质沉积提供了场所，北东向、北西向断层具有平移性质，对矿床起破坏作用。

该区褶皱亦较发育，除具有填图尺度的复式背、向斜外，尚见一系列柔流褶皱及褶叠层，它们与糜棱岩带一起除控制热液型矿（化）体外，多表现为使矿体复杂化，增加了评价工作的难度。

（3）岩浆岩

实验区岩浆岩活动强烈，岩浆的侵入具有多期活动的特点，其类型较全，从超基性、基性、酸性、碱性岩均有产出，产出方式以岩基、岩株为主，活动期主要为加里东期，其次为华力西期。

（4）矿床地质特征

实验区的主要岩石矿物有黄铜矿、黄铁矿、闪锌矿，脉石矿物主要有绿泥石，次为黝（绿）帘石、方解石。

实验区内的石居里Ⅵ、Ⅷ号沟铜矿床地表均见矿化。Ⅷ号沟铜矿床地表见碧玉岩和孔雀石化,西安地矿所和甘肃地勘普查组曾于1998年在该处开展过地质工作,证明该矿体呈倾斜产出的不规则板状,大致成45°延伸,倾向北西,倾角38°,矿体厚度为3~27 m,矿体顶板为碧玉石,两侧围岩为基性火山熔岩。

矿石类型按构造特征主要有块状矿石、角砾状矿石和网脉状矿石三种,块状矿石由含少量石英的硫化物集合体组成;角砾状矿石由含石英的硫化物集合体胶结蚀变的基性熔岩角砾组成;网脉状矿石由含石英硫化物集合体充填蚀变基性火山岩中的网状裂隙构成。这三种矿石在矿体中由上向下、由中心向边部依次分布,并互为过渡关系。

各类矿石捡块分析,Cu 的质量分数为 1.83% ~ 13.44%,Zn 的质量分数为0.02%~2.20%。

矿体两侧围岩蚀变有绿泥石化、帘石化、硅化、碳酸岩化,其中硅化与矿化关系最为密切。

(5)实验区的矿床成因类型

与海相火山作用相关的块状硫化物矿床主要有"塞浦路斯型"和"黑矿型"。两者最主要的区别在于:

①成矿环境:前者产出于洋中脊或弧后扩张脊环境;后者产出于大陆边缘裂谷或弧裂谷区。

②含矿岩系:前者赋存于蛇绿泥岩套中,直接容矿岩石主要为镁铁质喷出岩;后者赋存于双峰式火山岩套中,直接容矿岩石为长英质喷出岩。

③矿石的硫化物组成:前者总体以黄铁矿+黄铜矿+闪锌矿为代表;后者总体以黄铁矿+黄铜矿+闪锌矿+方铅矿为代表。

④主要金属组分:前者为Cu+Zn,且Cu含量>>Zn含量;后者为Cu+Zn+Pb。

经对比,本区块状硫化物矿床应属"塞浦路斯型",为海底热液喷流成因。

(6)找矿标志

①岩石标志:碧玉石。

②矿化标志:地表见黄铁矿化、褐铁矿化和孔雀石化等是浅部有矿的标志。

③地球物理标志:存在低电阻高极化异常。

上述三条耦合时,找到矿体的概率较大。

6.1.3 甘肃祁连山实验区地球物理特征

区内及外围虽然开展过一些物探工作,但已知物探资料不多,从收集的有关资料中可知:区内已有的1∶100万航空磁测及1∶100万区域重力调查工作研究程度较低,面积性的、系统的地球物理参数资料更是缺乏。黄铁矿、铅锌矿、黄铜矿和含铜黄铁矿的视极化率高达15%左右,背景值一般为1%~2%,视电阻率为40 Ω·m,而围岩的视电阻率为1000 Ω·m左右。现将收集到的零散的物性参数资料综合归纳于表6.1.1。

表 6.1.1　实验区物性参数统计表

岩性	电性参数（η）		岩性	电性参数（η）	
	变化范围/%	平均值/%		变化范围/%	平均值/%
黄铁矿	5.9~48.3	18.6	细碧岩	1.38~1.55	1.46
铅锌矿 铜矿 含铜黄铁矿	1.54~48.15	14.2	凝灰岩	0.43~3.82	1.93
超基性岩	2.0~4.0	2.74	石英岩	0.55~1.8	0.95
辉长辉绿岩	0.17~2.69	1.09	大理岩		
辉石岩			片岩	1.3~2.0	1.7
闪长岩		1.25	千枚岩		
花岗岩	0.88~3.67	1.8	板岩		
玄武岩	0.17~2.58	1.7	灰岩		0.36
安山岩	0.58~3.95	1.53	砂砾岩	1.5~6.02	2.6

＊资料来源：甘肃省地质调查院

　　为了更具体地了解实验区内各种岩石的电性参数，以检验双频激电法在该实验区应用的可行性，在测区内采集了具有代表性的岩石标本，测定其电阻率与幅频率等电性参数，区内具体岩性的电性参数见表 6.1.2。可以看出，金属硫化物与围岩存在较大的电性差异，所以在实验区开展地面双频激电法工作是有地球物理前提的。

表 6.1.2　自测标本参数

岩性	平均幅频率/%	平均电阻率/($\Omega \cdot m$)	标本数
凝灰岩	1.5	14024.5	3
硅质岩	2.2	8099.2	4
安山岩	1.6	5130.7	3
玄武岩	1.7	4364.6	3
碧玉岩	6	5842.4	5
炭质板岩	31.6	945.4	6
细脉状矿石	33.3	162.9	4
角砾状矿石	53.3	14.8	3
富含铜矿石	65.7	12.1	12
低含铜矿石	27.1	1.6	6
含铜黄铁矿石	22.9	3.4	5

6.1.4 甘肃祁连山实验方法技术

（1）方法有效性实验

为了验证双频激电法在西部高山区（特殊地貌景观区）的有效性[81, 82]，在实验区工作开始前在石居里铜矿区选择了 0 号勘探线作为实验剖面进行了中间梯度和偶极-偶极装置的方法有效性实验。中间梯度装置 AB 极距为 800 m，MN 极距为 40 m，记录点为 MN 的中点，观测结果见图 6.1.1。偶极-偶极装置采用的极距 $AB=MN=40$ m，$n=1$、2、3、4、5、6，记录点为 OO' 的中点，观测结果如图 6.1.2 所示。

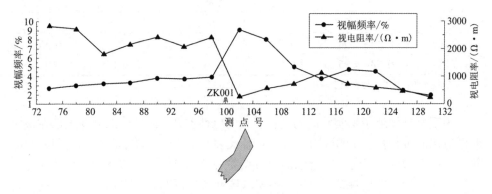

图 6.1.1　0 号勘探线双频激电实验中间梯度测量结果

从图 6.1.1 和图 6.1.2 可以看出，不论采用什么装置，双频激电法都能很好地发现异常。采用中间梯度法异常单一，异常幅值较高，最高可达 9.3%，视幅频率与视电阻率异常有很好的对应关系。100 号测点至小号测点视电阻率明显增加，反映剖面上为砂岩和硅质岩地层，100 号测点至大号测点的低阻区则为安山质泥灰岩、玄武岩和黄铁矿化硅质岩地段。

偶极-偶极装置的异常稍微复杂，但也基本上可看作板状体的反映，异常幅值也较高，最大达到 7.3%，比中间梯度装置异常稍小。从偶极-偶极装置的测量结果解释，认为异常的中心点（或板状体的顶部）位于 103 号测点附近，与中间梯度装置的测量结果基本一致。

对比该勘探线的钻孔资料可知，实际钻孔控制的矿体顶部位于 106 号测点处，与实验结果在位置上稍有差异，经过与地质、钻探工作人员共同详细研究分析，得出造成这种差异的原因是前后两次工作点位的测量偏差。

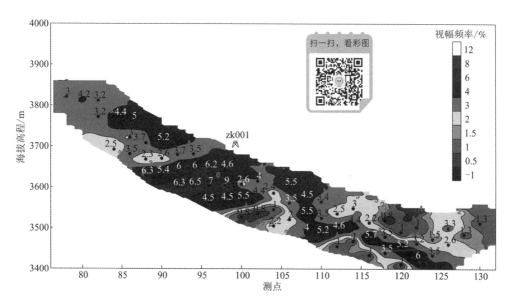

图 6.1.2　0 号勘探线双频激电实验偶极-偶极装置测量结果

实验剖面结果表明双频激电法具备在该实验区内开展实验工作的可行性，能够很好地发现矿体，异常的幅值小于 10%。因此在本实验区应用双频激电法开展面积性的工作时，重点应该注意在这一异常尺度内的异常。

（2）实验区野外工作方法

①实验区测区布置

根据实验区野外实际踏勘情况，选定一个长方形测区，测区面积约 20 km²。

如前所述，由于实验区主要控矿构造为北西向，因此按照规范要求，此次测线方位应垂直北西向的构造，具体测线方位为北东 36°。测线与测点的编号按物探规范进行，测线编号自北西向南东增加。

测网密度为 200 m×40 m（相当于 1∶2 万比例），工作装置采用偶极-偶极装置和中间梯度装置。用偶极-偶极装置时装置系数取 $AB=MN=80$ m，$n=2$；采用中间梯度装置时一般 $AB\geqslant1000$ m，$MN=40$ m，特殊情况根据具体情况适当调整。

②实验区测地工作

由于实验区地形起伏大，区内控制点少，经现场踏勘，采用 GPS 结合地形图定点方法。确保点位误差不超过±10 m，AB、MN 的间距误差小于 1 m。

③双频激电测量工作

工作中使用的仪器是中南大学研制的 SQ-1A 型双频激电仪，工作中记录的参数为高频电位 V_h、视幅频率 F_s、电流 I，室内的计算参数为视电阻率。工作中使用干电池组作为工作电源，一般工作电流为 200～300 mA，部分测点达到 600 mA，少数测点因接地困难供电电流小于 200 mA。接收机接收的电位差大于 3 mV，部分测点达到 200 mV，满足双频激电法野外测量精度要求。

④野外工作

工作中严格按照下列要求进行数据采集：

(a)每天开工前对仪器进行校验，校验完毕后检查并记录自校读数。

(b)每个测点的观测读数必须待仪器稳定后进行，一般读取 2～3 个连续稳定的数据。

(c)不能将电极布置在流水处或矿渣处。

(d)应尽量避免风吹或人为因素使 MN 线晃动。

(e)设法改善 A、B、M、N 电极的接地电阻，加大供电电流。

(f)供电电极用长 60 cm 左右的铁电极，一般以 3 根为 1 组，电极间隔在 1 m 左右为宜，电极入土深度大于本身长度的 1/3。当地表干燥接地电阻较大时，宜采用多组电极接地或在电极周围浇水或盐水，或直接用薄铝片代替供电电极，改善接地条件，以保证观测精度。

(g)跑极过程中，如发现矿化、矿体露头或特殊地形及其他干扰物(如铁管等)，应及时记录。

(h)每条剖面或电测深点，除开工及收工时对 AB、MN 线路全面检查一次是否漏电外，工作中还应经常检查。在气候干燥时，平均每隔 10～20 个点检查一次，在潮湿地区和导线通过潮湿地段时，每隔 5～10 个点检查一次。遇有突变点及可疑的异常时，也应进行漏电检查。

(i)当发现漏电时，如果造成漏电的因素也可能影响到已观测的点，则应返回检查及重复观测。

(j)经检查有漏电的所有测点都应记录在记录本上，并在备注栏中加以说明，作为评价野外工作质量的一项依据。

(k)在工作过程中，每观测 10～20 个测点就进行一次自校，自校时应去掉外来信号。与开工前自校结果比较，若 V_h 或 F_s 有变化，则调节 V_h 和 F_s 电位器使其与开工前一致，这样可克服温度变化引起的幅频率误差。

⑤室内资料整理

室内资料整理人员及时检查野外记录的完整性、可靠性，及时将观测数据输入计算机中，及时进行数据的有关计算和预处理，绘制有关图件。发现问题及时敦促野外操作员改正，对质量不合格的测点应要求返工。在数据处理过程中发现有异常点、可疑点时应通知操作员及时重测或检查，确保数据的可靠性。

6.1.5　甘肃祁连山实验成果

（1）主要实物工作量

野外工作组共完成工作区实际面积约 23 km²，物理点 2749 个，测深点 10 个，精测剖面 4 条，剖面长度共 2.4 km，经计算视幅频率的均方相对误差为 3.65%，视电阻率的均方相对误差为 2.64%，符合双频激电工作规范要求，说明野外数据质量可靠，可进行室内解释工作。

本实验区完成的主要实物工作量见表 6.1.3。

表 6.1.3　完成的主要实物工作量表

项目名称	网度	计量单位	完成工作量
激电偶极	200 m×40 m	km²	23
剖面布设比例尺 1∶20000	点距 40 m	km	151
精测剖面	200 m×20 m	km²	3.5
测深		点	11
伪随机剖面	点距 40 m	km	1.2
标本测量		块	54

（2）实验成果分析

由于本次实验工作主要任务是在矿产普查实验区进行 1∶2 万比例尺的双频激电面积性工作，力求对较大的矿化带进行平面圈定，总结出适合我国西部高山地区采用双频激电法的工作方法。因此此次工作设计中选择了适合这种高山地区的偶极-偶极装置和中间梯度装置，后经实地实验认为偶极-偶极法更适合在本实验区开展面积性工作。通过本实验区的工作，获得了近 23 km² 的双频激电面积性资料，发现了 6 号沟和塔墩沟两个有意义的异常。获得了 3.5 km 的精测剖面资料，以及 11 个点的对称四极测深资料。对 11 种岩（矿）石的 54 块标本进行了多项物性参数的测试。

本实验区的双频激电面积性工作所取得的视幅频率、视电阻率平面等值线图如图 6.1.3 和图 6.1.4 所示。从图中可以看出，异常呈北西—南东向展布，特别是在视幅频率平面等值线图中这一异常反映得更加明显。异常的分布形态与展布方向反映了实验区的构造展布规律。总体来说，激电异常在实验区东南部和中西部具有一定规模的面积性出现，这两块较大面积的激电异常对应的正是视电阻率低阻区，而且这两个异常具有明显的受构造切割并产生平移的现象。

根据野外地质人员的现场勘查，并对照所掌握的地质资料进行分析，得出上述两块面积性的激电异常应该是测区内大面积出露的碳质板岩所引起的。理由如下：

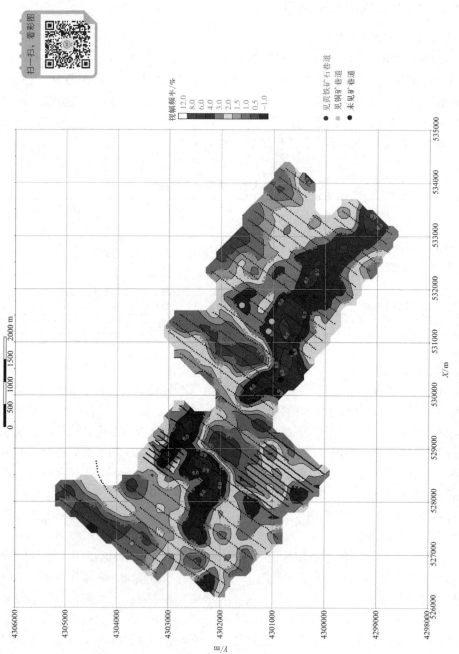

图6.1.3 实验区双频激电测量视幅频率平面等值线图

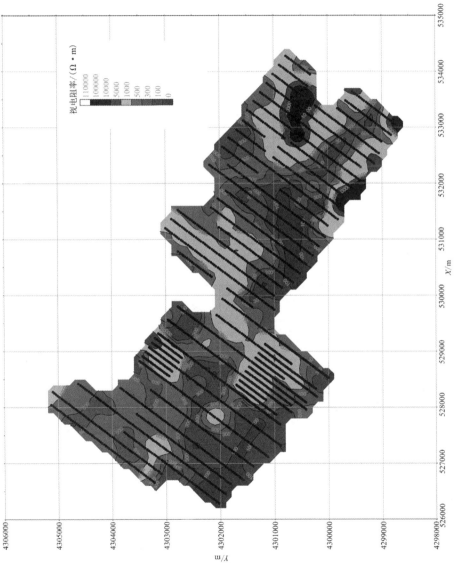

图6.1.4　实验区双频激电测量视电阻率平面等值线图

（a）在上述异常区存在碳质板岩，且部分地区地表有出露。

（b）根据本区标本测量结果可知，碳质板岩具有高极化低电阻的特征。

（c）碳质板岩出露地表或近地表，能产生较高的激电异常，根据在现场出露区进行的露头测试，异常值可达 25% 以上，与上述异常幅度相近，个别地方被钻孔验证。

对比分析实验区的双频激电测量成果和钻孔资料，认为本区的矿致异常应该是那些出现在碳质板岩附近、视幅频率异常值在 10% 以下、视电阻率在 300 Ω·m 以上的面积较小的次一级异常。据此在 6 号沟异常和塔墩沟异常进行了加密测量，并对塔墩沟异常进行了区分，在 34 线布置了一条精测剖面，进行了部分测点的对称微分测深（结果参见图 6.1.5）。

①塔墩沟异常

塔墩沟异常位于编号为 34 线的测线南端−160~115 号点。由于该异常位于地质构造发育部位，地表发现了明显的黄铁矿化、褐铁矿化和孔雀石化，双频激电偶极测量又发现了异常区存在低电阻高极化物探异常。根据前述找矿标志（矿化标志：地表见黄铁矿化、褐铁矿化和孔雀石化等浅部有矿的标志；地球物理标志：存在低电阻高极化异常）认为该异常区应该是一个矿异常，故对该异常进行了测线加密（按 1∶1 万比例尺布置），并在主异常区选择了一条剖面（34 线剖面）作为精测剖面开展了多种地球物理异常评价工作。

在 34 线异常区及正常场区进行了测点和测线加密（见图 6.1.5）。

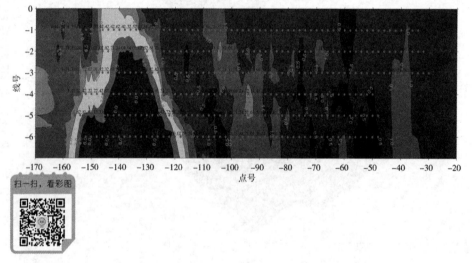

图 6.1.5　实验区 34 线双频激电偶极-偶极精测结果

在 34 线−156、−146、−140、−130、−120、−110 号点进行了微分测深（结果见图 6.1.6~图 6.1.11），根据微分测深结果所作的拟断面图见图 6.1.12。

为了对该异常进行定量解释，对塔墩沟异常进行了二维带地形视幅频率和视电阻率反演，反演结果见图 6.1.13。从反演结果可知：该异常体十分明显，异常体埋深约 100 m，和微分测深结果一致，异常体的电阻率为 100~300 Ω·m。

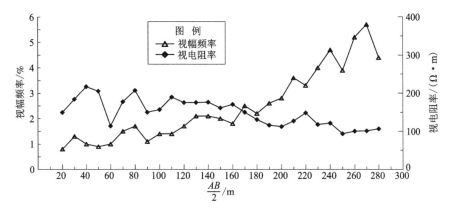

图 6.1.6　34 线-156 号点双频激电微分测深结果

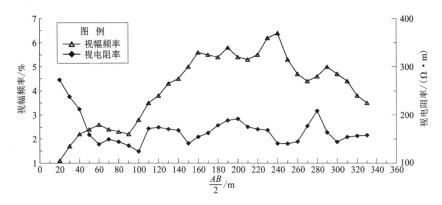

图 6.1.7　34 线-146 号点双频激电微分测深结果

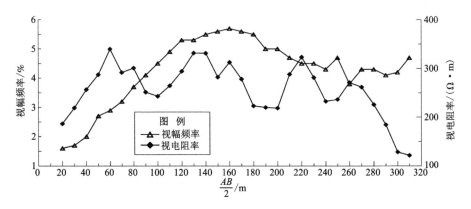

图 6.1.8　34 线-140 号点双频激电微分测深结果

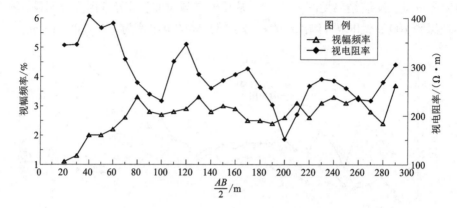

图 6.1.9　34 线-130 号点双频激电微分测深结果

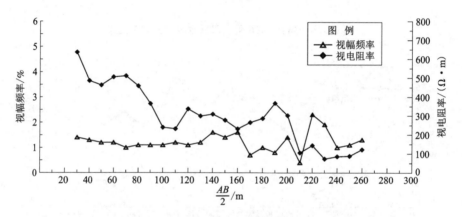

图 6.1.10　34 线-120 号点双频激电微分测深结果

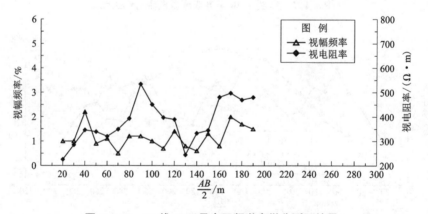

图 6.1.11　34 线-110 号点双频激电微分测深结果

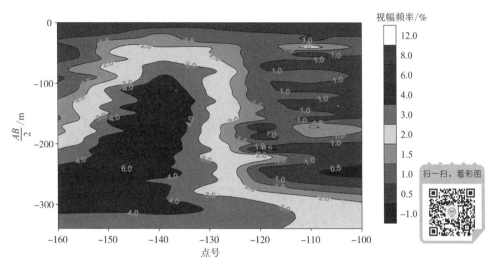

图 6.1.12　34 线双频激电微分测深视幅频率拟断面图

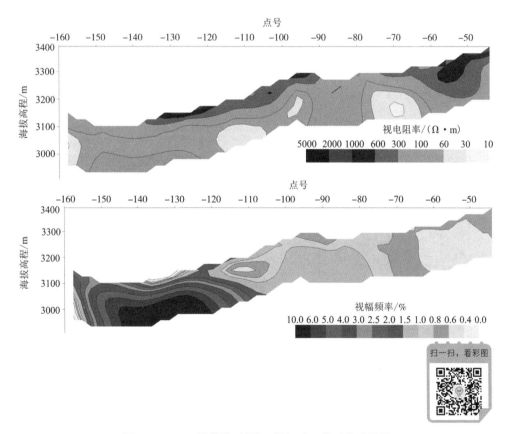

图 6.1.13　34 线带地形偶极-偶极法二维反演成果图

②六号沟异常

六号沟异常位于实验区西北部，该异常北部是甘肃地质调查院4队的施工坑口。它的规模虽然与塔墩沟异常相当，但异常幅值较大，且正好位于东部出露的碳质板岩异常的延长线上。由于该异常处地形起伏大，加之时间和任务较紧，本次实验工作只对该异常进行了加密追索，圈定了异常范围，未对其进行详细评价研究。对比石居里沟碳质板岩异常的规律，认为该异常应该是埋藏不深的碳质板岩体引起的，该异常没有进一步研究的价值。

③东南部异常

通过本次双频激电实验工作，在实验区东南部发现了面积较大、呈东南走向的高极化异常。根据野外地质人员的现场地质调查，认为在实验区东南部出现的这种异常应该是该地有一定规模的碳质板岩的反映。部分钻孔及前人的物性工作也证明了碳质板岩具有很高的激电异常。该异常边缘那些规模较小的异常往往预示深部有铜矿体。综合分析实验区的矿床和地球物理特性的关系，认为要在本区寻找工业矿体，必须寻找那种激电异常幅值在9%以内，规模不是太大的异常，应避免碳质板岩的面积较大、异常幅值较高的异常。

④相邻测区异常检测

为了检核双频激电仪的可靠性，在相邻实验区的两个异常区共作了两条精测剖面。图6.1.14为30线的异常检查成果，由图中可知，在46~54号点有一个幅值为4.5%左右的异常，两边的背景值为1%左右。该异常的出现反映了双频激电法及其仪器的可靠性和有效性。

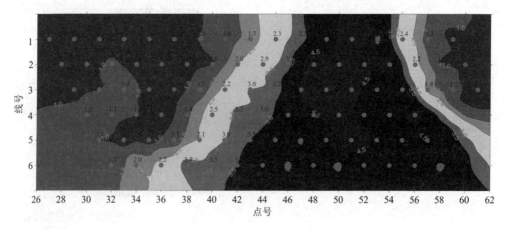

图6.1.14　30线异常检查成果图

⑤解释成果

综合分析实验区的双频激电异常，结合地质物探人员对实验区及其附近地质地球物理特征、各种有用信息的分析总结，实验区的激电异常的最终解释成果如

图 6.1.15 所示。由于实验区西北部没有相同比例的地质资料，故图中未画出地质界线，只对异常性质进行了大致区分，在图中还标出了 3 个有意义的异常区，分别编为 1 号、2 号、3 号异常。

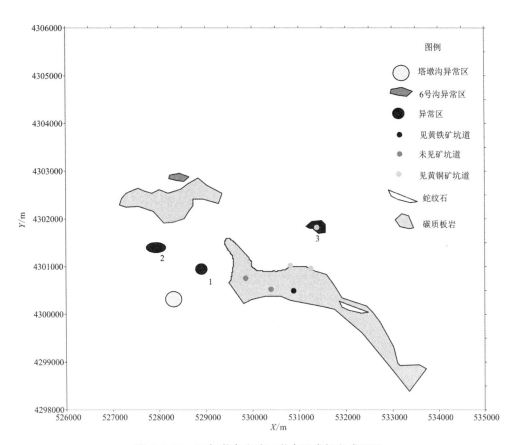

图 6.1.15 双频激电实验区激电异常解释成果图

6.1.6 甘肃祁连山实验小结

通过本次实验主要取得了以下成果：

（1）发现了 3 个有意义的异常。据甘肃省地调院有关技术人员提供的信息，1 号异常已由肃北县矿管局转让给了当地私营企业开采，矿体产出部位大致与本次实验成果一致。

（2）对比了在 1∶2 万比例尺下中间梯度装置和偶极-偶极装置的勘探效率、勘探效果及队伍组织等技术与经济指标。结果表明：在测量深度大致相同时，地形条件稍好的测区东南部中间梯度装置成本低于偶极-偶极装置；而在西北部则反之。主要是地形差时中间梯度装置布置供电场源要花费大量的人力和时间，所以工作装置的选择要根据当地具体的地形地质情况而定。

（3）对比了双频激电与幅频激电的工作效率、地质效果。结果表明在相同条件下双频激电的工作效率是幅频激电的 3 倍左右，幅频激电在雪线以上测量数据不稳、数据质量差，检查质量难以达到精度要求。

（4）研究了一套根据工作比例尺、工作条件选择装置类型的原则。笔者认为在工作比例尺为 1∶2 万时中间梯度装置与偶极–偶极装置的工作效率相当，但后者异常与异常体的对应关系复杂，导致资料解释困难；前者异常形态简单，可以快速确定异常体的位置，但中间梯度装置在地形起伏大（相对高差 200 m 以上）、布线困难地区（如石居里矿区西部）工作效率低。因此，研究认为工作比例尺大于 1∶2 万时，宜采用中间梯度装置工作，且比例尺越大工作效率越高；而工作比例尺小于 1∶2 万时，宜采用偶极–偶极装置工作，且比例尺越小工作效率越高。

笔者结合实验结果，提出双频激电仪的改进思路：进行中小比例面积性工作时，为了提高工作效率，需要加大供电偶极子的长度；为了减小电磁耦合，必须降低工作频率，因此提出增加多组工作频率，以便工作时根据具体地形地质情况加以选择；为提高野外数据记录效率，提出增加仪器采集数据自动贮存等功能；为提高仪器采集精度，提出改进仪器温飘自动检测和改正功能；由于部分地区电阻率低、气候干燥接地困难，野外测量要求高电压、大电流，提出增加仪器输入过压、输出过流保护功能，确保仪器安全可靠；为对野外采集数据进行现场初步处理，需要增加数据处理与图形显示功能等。

6.2 广西融安县泗顶铅锌矿实验研究

为了检验双频激电系统在岩溶峰林地区的工作效率和效果，以及检验经改进过的双频激电系统的性能与工作效果，笔者把广西泗顶铅锌矿及其外围勘探研究纳入西部特殊地貌景观区方法实验研究[81, 82]，以总结岩溶峰林地区激电法的工作经验，进一步完善适合西部特殊地貌景观区的双频激电系统。

6.2.1 广西融安县泗顶铅锌矿实验区地理概况

泗顶铅锌矿位于广西融安县泗顶镇，其地理坐标为东经 109°30′48.6″，北纬 25°2′37.8″。矿区内的山峰海拔大部分在 400~700 m，但山峰的坡度都比较陡峭，而且峰林覆盖率很高，达 50%以上（见图 6.2.1）。总的外表为一片巍峨林立的山峰。山峰的排列走向大致呈南北向，相对高差一般为 200~400 m。矿区最高峰为南东约 7 km 的喇站山附近山峰，海拔为 743.34 m。矿区的地形是南东部分海拔较高、西北较低。

　　泗顶矿区的地形与地貌，由于岩石性质、成分、产状和地质构造不同，岩石被剥蚀和侵蚀，形成各种类型的地貌，根据地貌的成因类型可大致分为 3 种地貌单元。

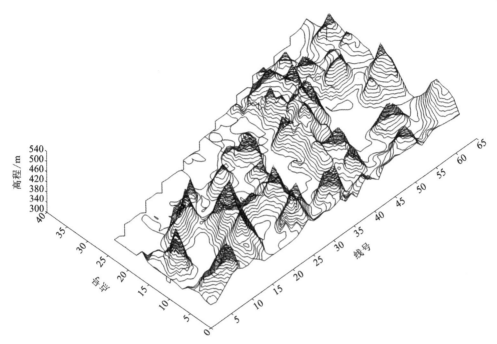

图 6.2.1　广西泗顶岩溶峰林部分测区地形地貌图

　　(1)侵蚀喀斯特地形：由上泥盆纪石灰岩组成，岩层产状平缓，分布面积较广，但石灰岩经地壳运动所造成的断层裂隙较多，岩层节理也较发育，加之泗顶地区属于华南亚热带湿润气候，降雨量大，岩石的侵蚀现象普遍存在，因而形成本区分布广泛形态复杂的喀斯特地形，一般上部发育成指状孤立的山峰，具有陡峭的悬崖，而靠近山峰下部坡度较缓，多堆积崩塌石灰岩。泗顶矿区喀斯特地形的特点是地表参差不平，有发育的裂隙和喀斯特溶洞、漏斗、溶沟、天然井、暗流、斗淋等。

　　(2)构造剥蚀地形：此种地形的主要岩石为志留奥陶纪的砂页岩，岩层倾角较陡，其次为不整合于砂页岩上的中泥盆纪砾岩，在矿区西北普遍分布，形成波浪状的山垄丘陵地形。

　　(3)堆积层中河流侵蚀地形：这种地形由附近岩石的风化产物堆积而成，岩层疏松而未胶结，其中成分为黄土、砂质土和石英颗粒，夹有少数灰岩碎块，常分布于石灰岩的低凹地方，呈狭长或椭圆形，厚度为 5~7 m，被本区河流所切割，露出基岩。

泗顶矿属于南方暖温带湿润气候，全年大部分时间（3—11月）被低纬度暖湿的高气压所控制，雨量充沛，气温较高，11月到次年3月为西北内陆高气压所笼罩，气温较低，雨水不多。

泗顶铅锌矿区断裂构造十分发育，主要断层有9条，矿体分布与这些断层关系十分明显。主要断层从北往南有规律地排列，形成一个向北西收敛会聚、向南东张开分散的帚状断裂构造组合，帚状断裂构造组合的主体是各断裂会聚部位，也是泗顶铅锌矿体产出的主要部位。断层张裂面、破碎带及伴随断裂作用形成的小背斜、背形、层间剥离、滑动、虚脱及层间破碎带，是主要的容矿空间。

帚状断裂构造控矿体系的形成与本区构造应力作用有关。在成矿期内，区内受到南东方向的侧压力作用，造成区内地层倾向以南东为主，伴随应力作用形成的断层，随着走向的不同，其性质也千差万别：北西向断层，走向平行主应力轴，倾向是拉伸性质，属于张性断层，其张裂面有利于矿液活动迁移，并可成为有利的容矿空间。因此北西向断层内常分布有陡倾斜的脉状铅锌矿体。近南北向断层具有张扭性断层性质，局部地段是张开的，有利于矿液活动迁移，但容矿空间主要伴随断裂作用形成的牵引褶皱、层间剥离、虚脱、滑动面及层间破碎带等。因此，张扭性断层附近以隐伏缓倾斜矿体为主。而北东向断层为压性断层，断裂面是闭合的，不利于矿液活动，也不利于形成铅锌矿体。因此在泗顶—古丹长达35 km矿带上，铅锌矿体主要集中在北西及近南北向断裂分布区内，北东向断裂发育地段几乎没有铅锌矿体分布。但北西向及近南北向断裂发育部位常与北东向断裂发育部位近邻，因此可利用此规律开展矿区外围的找矿工作。

另外，在泗顶矿区帚状断裂构造组合体中，断裂会聚相交的北段，构造应力作用也较强，伴生的容矿构造也相应更发育，因此矿体大多集中分布于该部位。同理，帚状断裂构造体系南延部分，构造应力作用逐渐减弱，伴生的次级构造随之减少，矿体在该段变得稀少，而且规模也小。上述区段大致以8号矿体为界，北边矿体的数量、密度及规模都大大超过南边。泗顶地区位于该帚状断裂构造体系南段散开部位，因此成矿背景并不有利，应以寻找小型矿体为目标。

泗顶矿区矿产主要有铅锌矿、铅锌黄铁矿、黄铁矿等。绝大部分产于泥盆系地层中，且多分布在寒武系与泥盆系不整合面以上的碳酸盐岩石中。到目前为止，共有矿床、矿点二十多处，其中具有工业价值的有泗顶铅锌矿床和古丹铅锌矿床。在硫磺坳、多娄弄、石墙岭、大境、白山、艾凤山、旧村等多处也有铅锌矿出露。矿床在空间分布上，大致沿北偏西方向排列，尤其是泗顶、硫磺坳、古丹、石墙岭、大境、白山等处的矿床，几乎是在一条直线上等距离排列，一处长20多km。而各矿区矿体走向也是北偏西方向。

泗顶矿区矿石基本上分为两大类，即硫化矿和氧化矿，硫化矿包括方铅矿、闪锌矿、纤维闪锌矿、黄铁矿、白铁矿；氧化矿包括菱锌矿、赤铅矿、铅铁矾、白铅矿、褐铁矿和石膏。

脉石主要有方解石、白云石、重晶石、石膏、高岭土等。

对于寻找铅锌矿的物探工作而言，本区的干扰源主要是寒武系的碳质页岩和黄铁矿（化），这是一个值得考虑的地质问题。

6.2.2　广西融安县泗顶铅锌矿区域地质概况

（1）大地构造背景

泗顶—古丹铅锌矿田位于东南地洼区雪峰地穹系南缘靠近滇桂地洼系的部位（图6.2.2）。根据区内和邻区大的地层角度不整合划分，本区经历了武陵（四堡）运动、加里东运动、印支运动、燕山运动和喜马拉雅运动五期构造变动，其中以加里东、印支和燕山三期构造运动表现比较明显，是本区构造形成的主要时期。

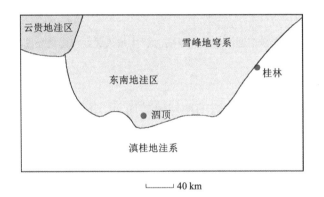

图6.2.2　泗顶矿田大地构造位置图

据"中国大地构造图（按地洼说及递进说编制）"缩减

按照构造运动和沉积建造划分，本区经历了地槽、地台和地洼三个大地构造发展阶段。地槽发展阶段表现为下古生界及其以前的地层，为一套浅海相的类复里石砂页岩建造，经加里东运动发生强烈的褶皱和断裂。

地台阶段则表现为上古生界为一套浅海相为主及滨海相的碳酸盐建造、碎屑含铁、含煤建造。它们不整合于强烈褶皱、断裂的下古生界之上，仅发育宽缓的褶皱。

地洼阶段的地壳运动在区内也比较强烈，其主要表现为地穹系的穹起上升，并在其南缘形成轴向南北的裙边褶皱（图6.2.3）。裙边褶皱的向斜为喷气喷流形成的铅锌矿的保存提供了良好的构造环境。泗顶—古丹铅锌矿田就位于其中之一的向斜中地穹系上升的晚期，形成一系列南北向、北东向的区域性断层。

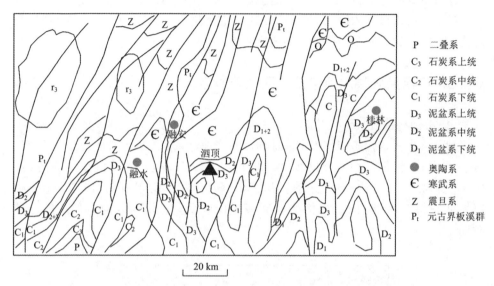

P	二叠系
C_3	石炭系上统
C_2	石炭系中统
C_1	石炭系下统
D_3	泥盆系上统
D_2	泥盆系中统
D_1	泥盆系下统
●	奥陶系
∈	寒武系
Z	震旦系
P_t	元古界板溪群

图6.2.3　泗顶矿田区域构造位置图(据"中华人民共和国地质图集"缩减)

（2）区域地层

根据前人的资料，区内出露的地层比较简单。上、下古生界形成二元结构，基底为寒武系的清溪组，盖层为中、上泥盆统的东岗岭组、融县组。

清溪组（$\in_1 q$）：为一套类复理石砂页岩建造，其岩性为中厚层至薄层的灰绿色变余石英砂岩、绢云母石英砂岩和浅变质的板岩等。主要分布于矿田的北部和西部，以及矿田内穹状背斜的核部。区内在该地层中，发育有沿断裂充填交代形成的陡倾斜脉状矿体，局部可见黄铁矿化围岩蚀变。该地层厚度大于500 m。

东岗岭组（$D_2 d$）：其岩性主要为微晶灰岩、含燧石生物碎屑灰岩、紫红色含砾石石英砂岩及石英砾岩等。该组地层分布于矿田南部，为古丹铅锌矿床的主要赋矿层位。地层厚0~180 m。

融县组（$D_3 r$）：其岩性为残余生物白云岩、生物碎屑灰岩、微晶灰岩和微晶结核灰岩，并夹有数层白云岩。分布于矿田的北部，为泗顶铅锌矿床的主要赋矿层位。地层厚度大于500 m。

矿田内泥盆系的东岗岭组和融县组，为一套不整合于寒武系清溪组之上的滨海相及浅海相的碎屑岩建造及碳酸盐建造沉积物，是区内主要的赋矿层位。由于该地层内缺乏化石，前人将其划分为中、上泥盆统两个世代的地层，这其实缺乏充分的依据。在海浸的过程中，根据砂砾岩夹层的多少，人为地将矿田内相距很近的同一次海浸的沉积物,分别划分到泥盆系的中、上统,还不如将这套地层均划到上泥盆统融县组,或中、上统不分,建立一个"泗顶组"(用其他的组名也可)更恰当。

第四系(Q):在峰林间的低洼处和谷地,常有松散的残、坡积物和冲积物。

(3)区域构造特征

泗顶矿田及其外围区域构造特征如图 6.2.4 所示。

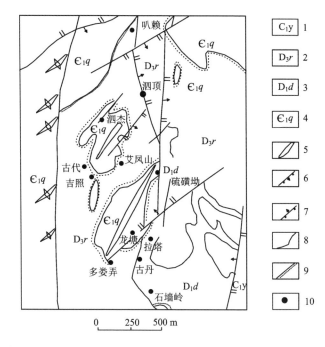

1—下石炭统岩关阶;2—上泥盆统融县组;3—中泥盆统东岗岭组;4—寒武系清溪组;
5—背斜轴;6—正断层;7—逆断层;8—地质界线;9—不整合面;10—矿床(点)。

图 6.2.4　泗顶矿田地质构造及矿床(点)分布图

基底褶皱为北北东走向的紧闭型线状背、向斜,由于元古界和上古生界假整合,背斜的核部为板溪群,向斜的核部出露寒武系清溪组。褶皱幅度不大,一般在 2000 m 左右;两翼倾角较陡,在 70° 左右。

基底断层为与褶皱轴向平行的走向断层,断面陡倾,多为西盘上升的逆断层。断层沿走向延伸较大,小者数十公里,大者可达数百公里。断层沿倾向的升降规模不是很大,一般在 1000 m 左右。

盖层构造:为印支运动形成的褶皱和断层。

盖层褶皱主要为地穹系穹起时在南端形成的裙边褶皱,它们呈现为多个轴向北北东、向斜向北北东扬起、背斜向南南西倾伏的褶皱。泗顶矿田位于其中一个向斜(屯秋向斜)的西翼。该向斜的西翼，在矿田内发育两个次级走向北东的短轴穹状背斜。穹状背斜的核部为寒武系清溪组，由于北北东向的紧闭型线状褶皱，地层为陡倾的北北东走向，与穹状褶皱轴向和上覆地层呈明显的交角。穹状背斜翼部的泥盆系倾角平缓，一般为 $20°$，呈宽缓的背斜，褶皱幅度也较小，一般在 1000 m 左右。

盖层断层主要为近南北向、北北东向正断层和北东向正断层。泗顶矿田的东西两侧分别被近南北向断层(F_1、F_2)与邻区分开，它们为矿田两侧明显的边界。这两条断层均为西盘上升东盘下降的正断层，断层面东倾，倾角较陡，三个断块从西往东逐级下降成阶梯状。F_1 断层西盘出露寒武系清溪组；F_1、F_2 两条断层间出露寒武系清溪组和中、上泥盆统；F_2 断层东部出露中上泥盆统和下石炭统。

盖层中的 F_1、F_2 断层与基底中的近南北向断层连通，它们是基底断层再次活动的产物。矿田内矿床、矿点和矿化点基本上沿南北向断层一侧呈带状分布，很可能矿田内的成矿活动与这组断层密切有关。

矿田内的叭赖—林岗、泗杰—古代和硫磺坳—多娄弄次级穹状短轴背斜，沿南北向呈带状分布，其形成很可能也与 F_1、F_2 断层活动有关。在裙边褶皱的晚期，在向斜西翼的南北向断层发生左旋剪切，断层间的地块受到北西、南东的挤压，便可形成沿南北向成带状分布的北东走向的背斜。矿田内已知的矿床、矿点和矿化点几乎都分布在这些穹状背斜核部的外缘，给人们一个背斜核部控矿的错觉，实际上是核部地层穹起使含矿层系出露地表之故。背斜与矿化没有成因上的关系。

泗顶矿田及邻近发育 F_4、F_5、F_6 三条北东向正断层。这一组断层均为断面陡倾的正断层。它们的规模不大，长 1~2 km，断距也不大，并切错近南北向断层，形成时间较晚。

6.2.3 广西融安县泗顶铅锌矿地球物理概况

区内出露地层大多为泥盆系融县组和东岗岭组灰岩，部分为寒武系，局部为第四系覆盖。由于区内地形复杂，勘探程度低，因此无系统的岩性资料，根据标本测试和相同地区的岩性资料对比，可知灰岩电阻率较高，达 104 $\Omega \cdot m$；寒武系的砂岩电阻率次之；含矿地层、矿化地层和断层泥的电阻率最低，为 10~100 $\Omega \cdot m$。

根据在室内水槽中对标本进行的测试和野外露头的岩性测量资料进行统计，区内各地层岩矿石的幅频率特征见表 6.2.1，矿区及外围岩矿标本物性测量结果见表 6.2.2。

从表中可见幅频率特征有以下规律：

（1）含矿地层和围岩、东岗岭组砂岩之间存在明显的幅频率差异；

（2）泗顶矿区与古丹矿区矿石的幅频率基本相同，为 4.5% 左右；

（3）含矿地层与黄铁矿化、寒武系砂岩的幅频率相当，为 4% 左右。

表 6.2.1　泗顶矿区岩矿石幅频率统计表

岩　性	幅频率变化值/%	常见值/%
泗顶矿区围岩(上泥盆统融县组灰岩)	0.4	0.4
泗顶矿区矿石(上泥盆统融县组 D_3r^1)	3.2~5.7	4.3
古丹矿区围岩(中泥盆统东岗岭组白云岩 D_2d^1)	0.3	0.3
古丹矿区矿石(中泥盆统东岗岭组白云岩 D_2d^1)	2.4~8.4	4.5
古丹矿区东岗岭组砂岩	0.9	0.9
古丹矿区中泥盆统底砾岩	0.9	0.9
寒武系含碳质页岩	1.6~2.1	1.7
黄铁矿化寒武系砂岩	2.2~4.4	4.0

表 6.2.2　泗顶矿区及外围岩矿标本物性测量结果

岩石名称	幅频率/%		电阻率/($\Omega \cdot m$)		备注
	变化范围	常见值	变化范围	常见值	
白云岩	1.7~13	2	409.5~4795.2	1580	
断层角砾岩	0.3	0.3	1450.047	1450	
断层泥	0.2~0.4	0.3	1.3~1.6	1.4	
硅质岩	0.4~1.2	0.5	198~1190	530	
含黄铁矿砂岩	2.4~10.8	4.3	69~2734	121	
褐铁矿	2.7	2.7	1830.769	1830	实测
红色砂岩	1.2	1.2	544.268	544	
灰岩	0.9~8.3	2.5	791~5134	2100	
砾岩石	0.5~1.4	1.2	272~285	280	
硫铁矿	10.7~21	12.4	18~40	25	

续表6.2.2

岩石名称	幅频率/%		电阻率/(Ω·m)		备注
	变化范围	常见值	变化范围	常见值	
泥质页岩	1.3	1.3	99.88506	100	
铅锌矿	5.7~21	12	0.5~1489	13	
砂砾岩	3.5	3.5	4388.775	4000	实测
寒武系砂岩	1.5~45.2	4.0	493~4651	540	
碳质页岩	3.9~20.6	10.3	13~1254	80	
页岩	2.4	2.4	572.6724	550	

因此在该区开展激发极化等电化学方法存在物性前提,但含矿地层与黄铁矿(化)、寒武系含碳质砂岩和页岩都具有低电阻高极化现象,如何将它们准确地区分开来,是该区开展激电法所面临的一个紧迫的技术难题。

6.2.4 广西融安县泗顶铅锌矿实验方法技术

(1)野外工作方法

基于广西泗顶矿区的特殊地形地貌等具体情况,在本矿区采用的仪器选择具有高效、轻便等特点的SQ-2系列双频激电仪和SQ-3系列双频激电仪。采用的工作装置有中梯装置、对称四极装置、偶极装置、五极测深装置等。

①双频激电法

在泗顶开展双频激电工作时,工作中所发送的供电电流一般大于500 mA,部分干扰较大的地区达1000 mA。供电电流的大小主要以观测数据的信噪比和精度来确定,通常要保证接收机在开机3个周期后表头所显示的极化数据变化率小于0.2%。

②微分测深异常垂直定位

微分测深异常垂直定位工作采用的是对称四极测深和纵轴五极测深方法。

(2)完成物探工作量

①开工前对工作中拟投入使用的仪器进行了一致性检查。

②GPS定点500余个,完成了测区坐标的联测工作。

③完成了拉夯工区面积约5 km²的激电面积性测量,共计完成测点1800余个,采集数据18000余个。

④增加并完成了测区南部46~52线高感应耦合区的对称四极测量。

⑤完成了测区东部接触带长1300 m剖面和露头村L线长1600 m剖面3个极距的偶极测深工作。

⑥完成了异常的追索、检查及微分测深异常定位工作。

⑦完成了 3 个异常区的详查与多频异常性质区分工作。

⑧详查阶段增加了 7 条剖面的异常检查与剖面电法工作，进行了不同标本水槽剖面多频区分测量。

⑨完成了 3 个异常区和东部接触带共计 25 个测点的纵轴五极微分测深工作。

⑩绘制了视电阻率、极化率的剖面图和平面等值线图。

（3）质量评价

工作中对野外采集的数据质量进行了检查，经室内计算得出极化率平均绝对误差为 0.2%，小于规范要求，说明所采集的数据质量较高，发现的异常可信。

6.2.5　广西融安县泗顶铅锌矿实验成果

（1）双频激电异常

在拉夯测区按 1∶10000 比例尺开展了面积性的双频激电工作，通过对野外面积性工作资料进行实时处理，按视幅频率异常和视电阻率异常整理的等值线图分别见图 6.2.5 与图 6.2.6。从图中可以发现，测区东部有大片低电阻高极化异常区，经野外查证和标本测试进一步肯定了这种大面积的成片异常是由寒武系砂岩引起的。除了由寒武系引起的东部异常外，测区内自北往南还发现了 3 个局部异常（按地名简称为筑田弄异常、路福异常、露头村异常）。为了弄清这 3 个异常的埋深、产状特征，根据测区地貌特点采用双频激电法进行了微分测深定位工作（图 6.2.7~图 6.2.9）。为了弄清其异常源的性质，我们还采用了三频激电相对相位法对异常进行了区分，并与测区标本进行了相对相位比对（图 6.2.10）。由于面积性激电工作发现的筑田弄、路福、露头村三个异常各有其特点，认为其异常源的性质也应该有所不同：

①路福异常

经对异常反复检查与分析，基本查明路福异常宽约 30 m、长度大于 100 m（往南因地形起伏 80~82 线丢点），其三频区分结果（图 6.2.11）与水槽中铅锌矿的形态（图 6.2.10）几乎完全一致，均存在高极化率异常和相对相位的低值异常，且相对相位 $\Phi_{低频-中频} \approx \Phi_{中频-高频}$。鉴于其赋存地层为泥盆系灰岩，是成矿有利地层，因此推断该异常体应该是一个由铅锌引起的矿致异常。通过微分测深确定引起路福异常的异常源有两个，从图 6.2.7 可以看到在 25~32 m 存在一个高极化低电阻异常、在 57~61 m 存在一个次高极化高电阻异常。结合该区硫铁矿的高极化低电阻和泥盆系灰岩产出的铅锌矿高极化高电阻特征，最终判断该异常为两层异常体共同引起的：第一层异常是硫铁矿引起的，深部异常则是矿体引起的。其中第一层埋深为 25 m、厚 7 m，第二层埋深为 57 m、厚约 5 m。后经实际钻孔验证（图 6.2.14），在 25~30 m 存在断层和硫铁矿化，在 57~61 m 见到了含锌平均品位达 13.39% 的优质矿体。

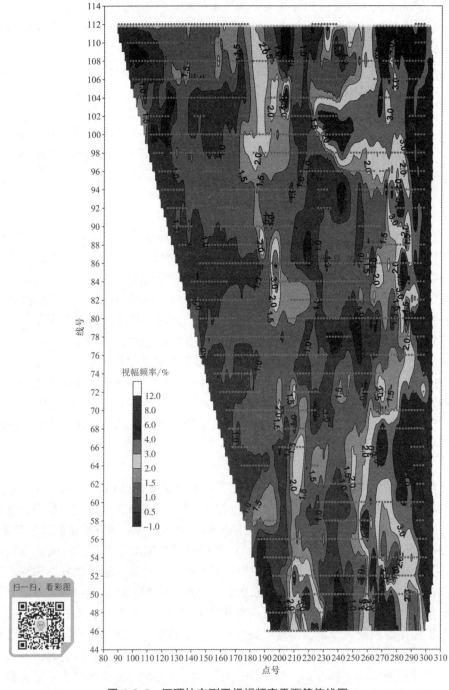

图 6.2.5 泗顶拉夯测区视幅频率平面等值线图

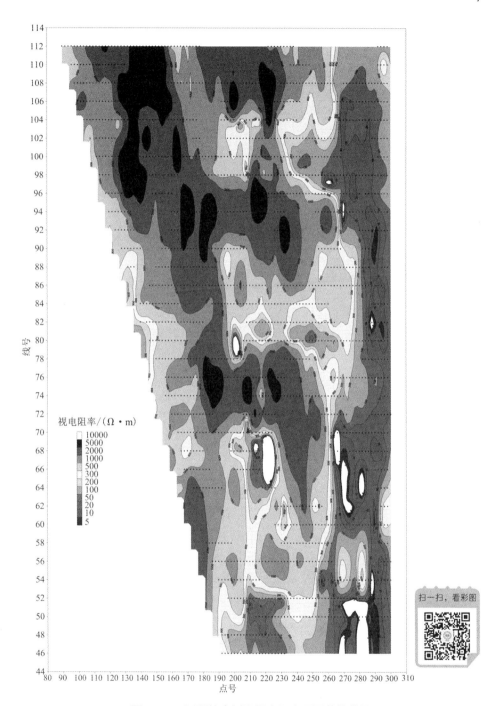

图 6.2.6　泗顶拉夯测区视电阻率平面等值线图

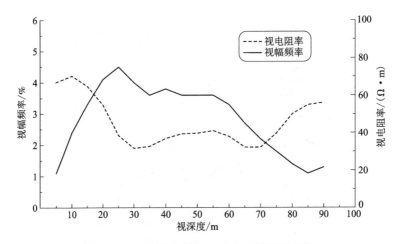

图 6.2.7　路福 86 线 197 号点五极测深曲线

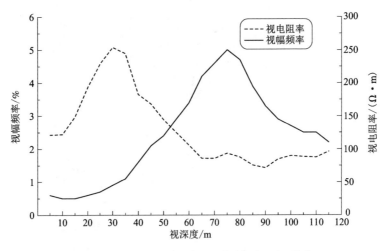

图 6.2.8　筑田弄 100 线 236 号点五极测深曲线

②筑田弄异常

从图 6.2.5 可以看出该异常范围较大，其宽约 100 m，长约 150 m。经五极纵轴微分测深（图 6.2.8）可知异常体埋深约 55 m，厚度大于 25 m。其三频区分结果（图 6.2.12）介于水槽中铅锌矿与含硫铁铅锌矿标本的形态之间，具有 $\Phi_{低频-中频}>\Phi_{中频-高频}$ 的特征，其赋存地层为泥盆系灰岩与寒武系的不整合面。根据上述结果，在排除含水溶洞的可能性后，推断这个异常体可能是一个以硫铁矿为主含有少量铅锌的矿异常。

③露头村异常

该异常比较复杂，处于寒武系与泥盆系的不整合面，异常的南端产于寒武系砂岩之中，埋深约 25 m，厚 15~20 m，异常的北端产于泥盆系灰岩之中，由于其正好位于山体部位，不能进行微分测深定位，仅在其附近进行了单点微分测深工作(图 6.2.9)和剖面性三频区分工作(图 6.2.13)。进一步的工作表明该异常在寒武系出露区相对相位 $\Phi_{低频-中频} < \Phi_{中频-高频}$，而在泥盆系出露区 $\Phi_{低频-中频} > \Phi_{中频-高频}$，分析认为该异常源可能是由接触带和硫铁矿引起的。

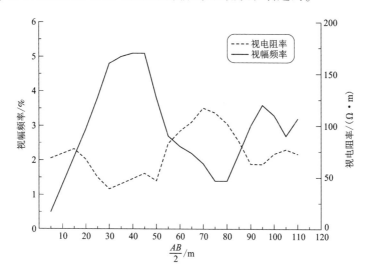

图 6.2.9　露头村异常区微分测深曲线

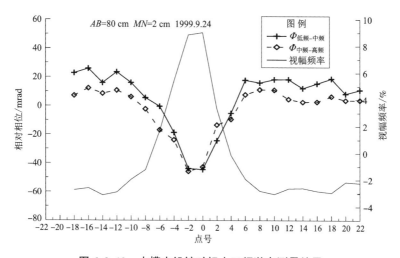

图 6.2.10　水槽中铅锌矿标本三频激电测量结果

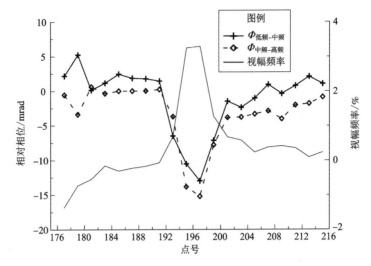

图 6.2.11　路福异常三频激电测量结果图

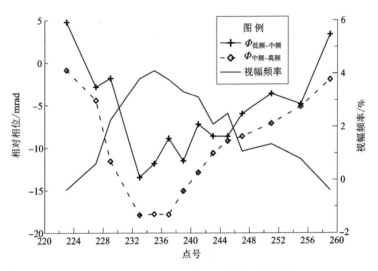

图 6.2.12　筑田弄异常三频激电测量结果

（2）工程验证钻孔布置

根据对物探异常解释结果，在拉夯测区共布置了 8 个工程验证钻孔，具体分布为：路福异常区 5 个，分别为路福-1 孔~路福-5 孔，其中 1 号钻孔位于异常的中心部位，设计钻孔方位为 70°，倾角 80°，终孔深度 70 m，预计在 30 m、55 m 可以钻遇两层铅锌矿。

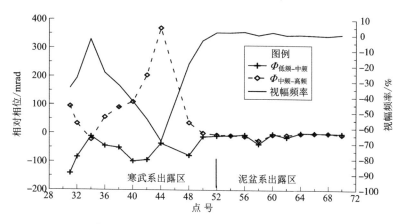

图 6.2.13　露头村异常三频激电测量结果

筑田弄异常区 3 个钻孔，分别为筑田弄-1 孔~筑田弄-3 孔，其中 1 号钻孔位于异常的中心部位(100 线 236 号点)，为垂直孔，终孔深度 80 m，预计在 55 m 可以钻遇硫铁矿化或铅锌矿化；2 号钻孔情况与 1 号类似，位于 1 号钻孔西北方向的山边，预计见矿深度在 50 m，异常源厚度比 1 号孔大，两钻孔相距 50 m；3 号钻孔情况与 1、2 号钻孔类似，位于 1 号钻孔西南方向，预计见异常体深度在 60 m。

（3）验证结果及解释

部分钻孔的验证情况见图 6.2.14~图 6.2.18。

从图 6.2.14 可以看出在 30 m 处虽然未能按预计钻遇矿体，但遇到了一个断层，且断层带中有明显的黄铁矿，经随后进行的标本测量和成分分析可知该断层虽然含碳质量分数只有 1.801%，但含硫质量分数却有 2.082%，水槽测量平均极化率为 4%，与铅锌矿异常幅度相当。在 57~61 m 遇到了优质富铅锌矿，经取样化验得出平均含锌质量分数为 13.34%，局部达 34.37%。

与原来设计比较，异常深度定位相当准确，误差在 1 m 左右。含矿层位厚度定位也较准确。

路福 2 号孔未能钻遇到工业矿体。因该钻孔正好定位在异常的拐弯部位（图 6.2.19），加上该钻孔的倾斜方向与含矿层相同，未能钻遇矿体属正常。

根据图 6.2.19，在路福异常的东北部离 1 号钻孔约 30 m 处和 2 号钻孔北东 20 m 处又布置了 3 号、4 号钻孔，两钻孔的倾斜方向与 1、2 号钻孔相同。验证结果表明，3 号钻孔遇到了几十米厚的含黄铁矿的黑色地层，4 号钻孔在 60~63 m 遇到了与 1 号钻孔相当的铅锌矿体。

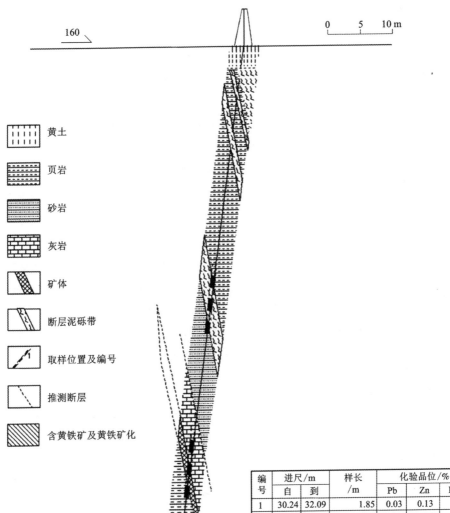

图 6.2.14 路福 1 号钻孔剖面

图例：

黄土

页岩

砂岩

灰岩

矿体

断层泥砾带

取样位置及编号

推测断层

含黄铁矿及黄铁矿化

编号	进尺/m		样长 /m	化验品位/%		
	自	到		Pb	Zn	FeS
1	30.24	32.09	1.85	0.03	0.13	
2	33.59	34.89	1.3	0.01	0.26	
3	37.34	38.64	1.3	0.03	0.06	
4	3.30	38.64	打捞岩粉	0.03	0.06	
5	54.53	56.98	2.45	0.06	0.32	0.43
6	56.98	57.98	1.00	0.82	4.11	33.31
7	57.98	58.68	0.70	0.64	19.50	25.18
8	58.68	59.38	0.70	4.17	34.27	9.59
9	59.38	59.68	0.30	0.11	5.80	7.45
10	59.68	60.28	0.30	0.05	0.89	32.20

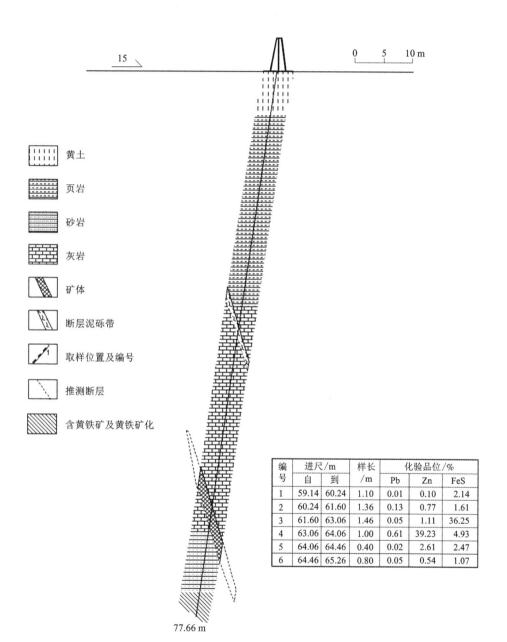

编号	进尺/m		样长 /m	化验品位/%		
	自	到		Pb	Zn	FeS
1	59.14	60.24	1.10	0.01	0.10	2.14
2	60.24	61.60	1.36	0.13	0.77	1.61
3	61.60	63.06	1.46	0.05	1.11	36.25
4	63.06	64.06	1.00	0.61	39.23	4.93
5	64.06	64.46	0.40	0.02	2.61	2.47
6	64.46	65.26	0.80	0.05	0.54	1.07

图 6.2.15　路福 3 号钻孔剖面

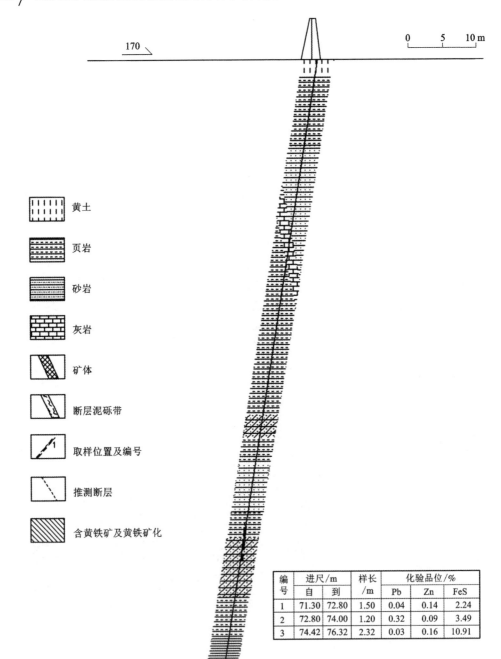

图 6.2.16　路福 2 号钻孔剖面

图例：

黄土

页岩

砂岩

灰岩

矿体

断层泥砾带

取样位置及编号

推测断层

含黄铁矿及黄铁矿化

编号	进尺/m		样长/m	化验品位/%		
	自	到		Pb	Zn	FeS
1	71.30	72.80	1.50	0.04	0.14	2.24
2	72.80	74.00	1.20	0.32	0.09	3.49
3	74.42	76.32	2.32	0.03	0.16	10.91

170

0　5　10 m

95.33 m

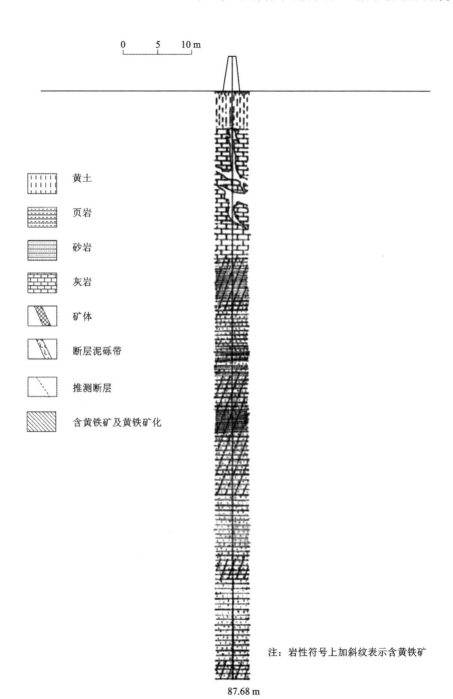

0   5   10 m

黄土

页岩

砂岩

灰岩

矿体

断层泥砾带

推测断层

含黄铁矿及黄铁矿化

注：岩性符号上加斜纹表示含黄铁矿

87.68 m

图 6.2.17 筑田弄 1 号钻孔剖面

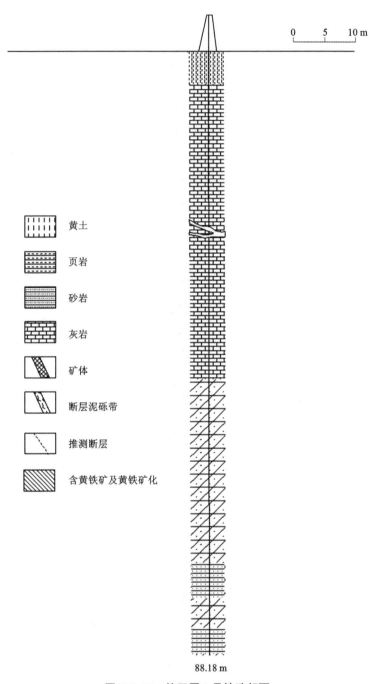

图 6.2.18　筑田弄 2 号钻孔部面

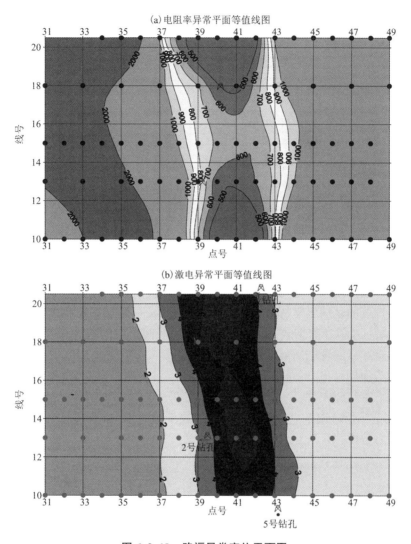

图 6.2.19　路福异常定位平面图

（4）空白区数据插值

为了弄清上述矿体向东南的延伸，又在 4 号钻孔东南 50 m 处布置了 5 号钻孔，由于其位于山坡，斜孔施工困难，所以只能设计垂直孔。施工验证结果表明未能在预期的 75 m 深处打到矿体，而在 60~64 m 打到了断层。分析结果认为该钻孔过早钻遇断层，该钻孔设计时本应往东偏（见图 6.2.19），但由于施工场地的限制，只好在现在的位置施工，虽然没有直接打到矿体，但根据解释，东南部应该有 1、4 号钻孔的矿体延伸。

目前的采矿情况验证了上述推断，矿体往 82 线具有厚度变大的特点。

筑田弄异常区的两个钻孔在异常部位均遇到了黄铁矿化的黑色地层，特别是在 1 号钻孔处，该地层厚度达到几十米，这在泗顶地区实属罕见。这种地层是泗顶矿区找矿工作中的一种主要干扰，也将是今后必须注意和力求解决的一个关键技术问题。

广西泗顶岩溶山峰地区地势陡峭、山峰林立，给双频激电系统在本区的物探工作带来诸多不便，特别造成了部分区域激电数据空白问题，针对这一特殊问题，笔者对空白数据区插值问题进行了专门的研究。

由于空白数据区的存在影响了后期数据的二维正反演及地质资料解释，故需要对空白区进行二维插值，使其形成完整的数据测量剖面。本节将介绍一种基于趋势面拟合的多重二次曲面插值法。

趋势面拟合法与多重二次曲面插值法都是通过构建空间离散点 (x, y, z) 的数学曲面而达到数据分析的目的，两种方法在地学数据分析中均有应用。趋势面拟合法可以较好地反映空间离散点的全局变化趋势，在地球物理学中能够辅助分析地球物理场的区域异常特征，而多重二次曲面法可以较好地反映空间离散点的局部变化特征，但在数据缺失区容易造成数学曲面形态的畸变，因此，可将两者有机地结合起来实现空间离散点的二维插值。

①趋势面拟合法

假设三维空间中存在一组离散的数据点 $p_i = (x_i, y_i, z_i)$，$i = 1, 2, \cdots, M$，根据 p_i 可构造出反映离散点空间变化趋势的数学曲面 G，G 被称为趋势面，故该方法被称为趋势面拟合法。趋势面拟合公式为：

$$z = f(x, y) = \sum_{i=0}^{n} \sum_{j=0}^{i} c_{ij} x^{i-j} y^j \tag{6.2.1}$$

其中，n 为趋势面的次数；c_{ij} 为趋势面的系数，其个数 N 与 n 有关，即 $N = (n+1)(n+2)/2$。选择的趋势面的次数 n 不同，趋势面的起伏变化不同，利用趋势面拟合法作数据分析时，n 不宜取得太大。

实际应用中，常用的趋势面模型有以下几种：

(a) 当 n 取 1 时，趋势面为空间平面，适合于较平坦的曲面，即

$$z = c_{00} + c_{10}x + c_{11}y \tag{6.2.2}$$

(b) 当 n 取 2 时，趋势面为空间二次曲面，适合于起伏不大的曲面，即

$$z = c_{00} + c_{10}x + c_{11}y + c_{20}x^2 + c_{21}xy + c_{22}y^2 \tag{6.2.3}$$

(c) 当 n 取 3 时，趋势面为空间三次曲面，适合于起伏较大的曲面，即

$$z = c_{00} + c_{10}x + c_{11}y + c_{20}x^2 + c_{21}xy + c_{22}y^2 + c_{30}x^3 + c_{31}x^2y + c_{32}xy^2 + c_{33}y^3 \tag{6.2.4}$$

选取趋势面的次数 n 后，需要求取趋势面的系数 c_{ij}。不失一般性，以构建二

次趋势面为例,说明趋势面系数的求解方法。若已知数据点 $z_i = f(x_i, y_i)$,$i = 1$,$2, \cdots, M$,可将 M 个数据点代入式(6.2.3)中,即可得到线性方程组

$$A_{M \times N} \cdot C_{N \times 1} = Z_{M \times 1} \tag{6.2.5}$$

其中,M 为方程个数,N 为趋势面系数的个数,由于趋势面的次数 $n = 2$,故 $N = 6$。

$$A_{M \times N} = \begin{bmatrix} 1 & x_1 & y_1 & x_1^2 & x_1 y_1 & y_1^2 \\ \vdots & \vdots & \vdots & \vdots & \vdots & \vdots \\ 1 & x_i & y_i & x_i^2 & x_i y_i & y_i^2 \\ \vdots & \vdots & \vdots & \vdots & \vdots & \vdots \\ 1 & x_M & y_M & x_M^2 & x_M y_M & y_M^2 \end{bmatrix}_{M \times N}, \quad C_{N \times 1} = \begin{bmatrix} c_{00} \\ c_{10} \\ c_{11} \\ c_{20} \\ c_{21} \\ c_{22} \end{bmatrix}_{N \times 1}, \quad Z_{M \times 1} = \begin{bmatrix} z_1 \\ \vdots \\ z_i \\ \vdots \\ z_M \end{bmatrix}_{M \times 1}$$

由于方程组(6.2.5)的方程个数 M 大于未知个数 N,这类方程组通常称为超定方程组,一般来说,超定方程组没有通常意义上的解。

若令

$$R = A_{M \times N} \cdot C_{N \times 1} - Z_{M \times 1}$$

求 $C_{N \times 1}$,使 $\| R \|^2 = \| A_{M \times N} \cdot C_{N \times 1} - Z_{M \times 1} \|^2$ 取极小,则有

$$A_{N \times M}^T \cdot A_{M \times N} \cdot C_{N \times 1} = A_{N \times M}^T \cdot Z_{M \times 1} \tag{6.2.6}$$

称方程组(6.2.6)的解 $C_{N \times 1}$ 为超定方程组(6.2.5)的最小二乘解。这样就可将解超定方程组的问题转化为解线性代数方程组的问题,然后采用后续章节介绍的全选主元高斯消去法解方程组(6.2.6),即可得到趋势面的系数 $C_{N \times 1}$,将其代入式(6.2.3)便可生成二次趋势面。

同理,只要给定趋势面的次数 n,就可根据上述方法求出趋势面的系数 $C_{N \times 1}$,将其代入趋势面拟合公式(6.2.1),便可得到相应的趋势面函数。任给平面上一点 (x_p, y_p),即可根据

$$z_p = f(x_p, y_p) = \sum_{i=0}^{n} \sum_{j=0}^{i} c_{ij} x_p^{i-j} y_p^{j} \tag{6.2.7}$$

求出对应的 z_p。

②多重二次曲面法

1971 年 Hardy 提出了一种多重二次曲面函数(multi-quadric function),主要用于构建空间离散点的多重二次曲面。该函数的一般形式为

$$\sum_{i=1}^{n} c_i \cdot [q(x_i, y_i, x, y)] = z \tag{6.2.8}$$

其中 (x_i, y_i),$i = 1, 2, \cdots, M$ 为已知点的坐标;z 是关于插值结点 (x, y) 的函数,它是一系列二次曲面函数 $q(x_i, y_i, x, y)$ 与系数 c_i 乘积的和,二次曲面函数为

$$q(x_i, y_i, x, y) = \sqrt{(x_i - x)^2 + (y_i - y)^2 + s^2} \tag{6.2.9}$$

其中 s 为形状参数，主要用于调节空间曲面的平滑度，其值越大曲面越平滑，为保证插值曲面尽量逼近真实曲面，s 通常取较小的值，也可取为零。

将式(6.2.9)代入式(6.2.8)，有

$$\sum_{i=1}^{N} c_i \cdot \sqrt{(x_i - x)^2 + (y_i - y)^2 + s^2} = z \qquad (6.2.10)$$

在式(6.2.10)中，如何确定系数 c_i 呢？将已知平面离散点的坐标及对应的属性值代入式(6.2.10)，可以得到多重二次曲面函数的线性方程组

$$\sum_{i=1}^{N} c_i \sqrt{(x_i x_j)^2 + (y_i y_j)^2 + s^2} = z_j, j = 1, 2, \cdots, M \qquad (6.2.11)$$

若令：

$$\boldsymbol{A}_{N \times N} = \begin{bmatrix} s & \sqrt{(x_1-x_2)^2+(y_1-y_2)^2+s^2} & \cdots & \sqrt{(x_1-x_n)^2+(y_1-y_n)^2+s^2} \\ \vdots & \vdots & & \vdots \\ \sqrt{(x_n-x_1)^2+(y_n-y_1)^2+s^2} & \sqrt{(x_n-x_2)^2+(y_n-y_2)^2+s^2} & \cdots & s \end{bmatrix},$$

$$\boldsymbol{C}_{N \times 1} = \begin{bmatrix} c_1 \\ c_2 \\ \vdots \\ c_n \end{bmatrix}, \boldsymbol{Z}_{N \times 1} = \begin{bmatrix} z_1 \\ z_2 \\ \vdots \\ z_n \end{bmatrix}$$

则可将式(6.2.11)改写为矩阵形式：

$$\boldsymbol{A}_{N \times N} \boldsymbol{C}_{N \times 1} = \boldsymbol{Z}_{N \times 1} \qquad (6.2.12)$$

利用全选主元高斯消去法求解线性方程组(6.2.12)，即可求得解向量 $\boldsymbol{C}_{N \times 1}$。

将解向量 $\boldsymbol{C}_{N \times 1}$ 及待插点 (x_p, y_p) 代入式(6.2.10)，有

$$\sum_{i=1}^{N} c_i \cdot \sqrt{(x_i - x_p)^2 + (y_i - y_p)^2 + s^2} = z_p \qquad (6.2.13)$$

便可计算出待插点 (x_p, y_p) 的属性值 z_p。如果待插点的数量很多，则重复式(6.2.13)计算过程。

③基于趋势面拟合的多重二次曲面插值法

下面介绍趋势面拟合法与多重二次曲面插值法相结合的计算过程：

(a)采用趋势面拟合法，根据事先给定的趋势面次数 n(选择1，2或3)，利用已知的空间离散点 (x_k, y_k, z_k)，$k = 1, 2, \cdots, N$ 求出趋势面系数 c_{ij}，进而可以构造出趋势面函数

$$z = \sum_{i=0}^{n} \sum_{j=0}^{i} c_{ij} x^{i-j} y^j \qquad (6.2.14)$$

(b)利用式(6.2.14)，求出趋势面上与已知空间离散点的平面坐标 (x_k, y_k)，$k = 1, 2, \cdots, N$ 对应的属性值 z_{Tk}，即

$$z_{Tk} = \sum_{i=0}^{n} \sum_{j=0}^{i} c_{ij} x_k^{i-j} y_k^j, \ k = 1, 2, \cdots, N \tag{6.2.15}$$

（c）求出已知空间离散点的平面坐标 (x_k, y_k)，$k = 1, 2, \cdots, N$ 对应的 z_k 与 z_{Tk} 的差值 Δz_k，即：

$$\Delta z_k = z_k - z_{Tk}, \ k = 1, 2, \cdots, N \tag{6.2.16}$$

（d）采用多重二次曲面法，根据换算得到的空间离散点 $(x_k, y_k, \Delta z_k)$，$k = 1$，$2, \cdots, N$，求出多重二次曲面系数 c_k，进而可以构造出 Δz 的多重二次曲面函数：

$$\sum_{k=1}^{N} c_k \cdot \sqrt{(x_k - x)^2 + (y_k - y)^2 + s^2} = \Delta z \tag{6.2.17}$$

（e）对于给定的待插结点坐标 (x_l, y_l)，$l = 1, 2, \cdots, M$，求 z_{Tl}。将 (x_l, y_l) 逐点代入式 (6.2.14)，得：

$$z_{Tl} = \sum_{i=0}^{n} \sum_{j=0}^{i} c_{ij} x_l^{i-j} y_l^j, \ l = 1, 2, \cdots, M \tag{6.2.18}$$

（f）对于给定的待插结点坐标 (x_l, y_l)，$l = 1, 2, \cdots, M$，求 Δz_l。将 (x_l, y_l) 逐点代入式 (6.2.17)，得：

$$\Delta z_l = \sum_{k=1}^{N} c_k \cdot \sqrt{(x_k - x_l)^2 + (y_k - y_l)^2 + s^2}, \ l = 1, 2, \cdots, M \tag{6.2.19}$$

（g）将式 (6.2.18) 与式 (6.2.19) 得到的 z_{Tl} 和 Δz_l 求和，最终可得待插结点坐标 (x_l, y_l) 对应的插值结果 z_l：

$$z_l = z_{Tl} + \Delta z_l, \ l = 1, 2, \cdots, M \tag{6.2.20}$$

④二维插值算例

以西藏某地的高程数据为例，数据的分布特点为：X 方向长度 320 m，点距 10 m，Y 方向长度 300 m，点距 20 m，部分区域有数据缺失，如图 6.2.20（a）所示。首先分别利用 Surfer 软件提供的自然邻点法和克里金法及本节插值方法对该数据体进行二维插值，三种插值方法在 X 方向和 Y 方向的插值结点数均分别设置为 201 个和 188 个（网格化尺度为 1.6 m），然后分别对各插值结果（*.grd）利用 Surfer 软件绘制等值线图，具体如图 6.2.20（b）~图 6.2.20（d）所示。从图中可以看出，本节插值方法与商业化软件提供的插值方法的插值效果几乎完全一致，仅在部分区域有较小的差别，即使在数据缺失区，等值线也能较平滑地过渡，说明本节插值方法即使在数据有缺失的情况下也完全可以达到与商业化软件同等的插值质量。

笔者把这一研究成果在广西泗顶岩溶山峰地区进行了具体应用，对空白数据区进行了插值处理，很好地解决了山峰林立区域的激电数据空白问题，给后期数据处理提供了全面而正确的原始激电数据。但当空白区丢失数据量很大时，其丢失数据恢复效果将大大降低，如在 1∶1 万比例尺的面积性工作区，当连续丢点达

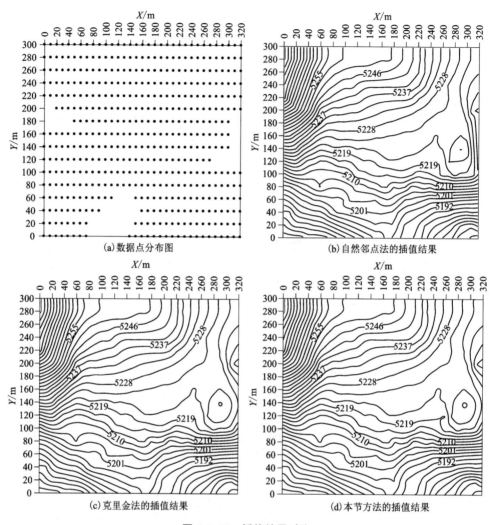

图 6.2.20 插值结果对比

到 6 个以上时, 空白数据难以恢复, 因此在工作中应尽量保证数据采集点完整。

6.2.6 广西融安县泗顶铅锌矿实验小结

本次实验工作取得了如下具体成果:

(1)通过钻孔验证, 证实了实验成果的准确性, 特别是在矿体埋深及厚度等的推断上与实际工程揭露情况误差很小。

（2）首次利用三频相对相位法在野外成功分辨出了测区东部寒武系异常、筑田弄硫铁矿、路福铅锌矿的激电异常特征。

（3）对改进后的双频激电仪进行了仪器采集精度、稳定性、工作效率、功耗、过压、过流保护等多项技术考验，实验表明仪器性能稳定，采集的数据可靠。为后期仪器的改进与研制提供了第一手资料。

（4）研究了岩溶峰林区数据空白区的数据插值方法和原则，并在工作中得到应用。在 1∶1 万比例尺的面积性工作区，当连续丢点达到 6 个以上时，空白数据难以恢复，因此在工作中应尽量保证数据采集点完整。

6.3　青海省都兰县托克妥铜金矿实验研究

为了检验双频激电系统在青藏高原的工作效率和效果，以及检验经改进过的双频激电系统的性能与工作效果，笔者进行了青海省都兰县托克妥铜金矿实验研究，以总结青藏高原地区的激电法工作经验，进一步完善适合西部特殊地貌景观区的双频激电系统。

6.3.1　青海省都兰县托克妥铜金矿实验区地理概况

青海省都兰县托克妥铜金矿位于青海省海西州都兰县香日德镇方向 60 km 处。矿区在托克妥沟中段，地属巴隆乡托克妥村管辖。由西宁市沿 G109 国道至香日德镇 480 km，继西行 22 km 均有柏油路，改南行 12 km 经托克妥村沿托克妥沟可达矿点，有简易公路，交通方便，位于柴达木盆地东段南缘，东昆仑山系北坡，北距柴达木盆地 7 km。区内海拔 3400～4000 m，最高点在西段乌兰哈德沟脑，海拔 4013 m。一般比高 400～500 m，地形多悬崖陡壁，属强切割高山区。由于气候干旱，植被不发育，但碎石流分布等第四系覆盖较广。

本实验区为典型的大陆性气候，年降雨量 300 mm，年均气温 2℃。夏季最高气温为 20～25℃，冬季最低气温为−35℃。每年 10 月至翌年 4 月为冰冻期，3—5 月为风季，风向西北，风力一般 7～8 级，最大可达 9 级。

本区人烟稀少，居住分散，矿点北 4 km 托克妥村有数十户牧民，有藏族、蒙古族、回族、汉族，以半农半牧谋生，近年来少数外出打工。西侧巴隆乡，东侧香日德镇均以农业为主。经济不发达，所需生活生产物资均需都兰县供给，矿业开发将有力推动地区经济发展。

6.3.2　青海省都兰县托克妥铜金矿区域地质概况

以《青海省矿产资源三轮区划报告》中的大陆造山带观点为基础，普查区位于秦祁昆晚加里东造山系南缘，与青藏北特提斯华力西—印支造山系相邻。

一级构造单元：秦祁昆晚加里东造山系。

二级构造单元：东昆仑造山系。

三级构造单元：伯喀里克—香日德元古宙古陆块体。

伯喀里克—香日德元古宙古陆块体(昆中微陆块)又称昆中岩浆–变质杂岩带或昆中微陆块。该古陆块体北界为昆北断裂带，南界为昆中断裂。古陆块体以大面积分布前寒武纪基底变质岩系和各时代侵入杂岩为特征，金水口群是一套高级变质岩系，断裂出露千余千米，局部地区可见泥盆纪陆相火山岩系和石炭纪海相台型火山沉积岩。

该古陆块岩浆活动极为强烈，以花岗闪长岩、二长花岗岩出露较多，分布面积最大，其次是长花岗岩和碱长花岗岩，也见有少量的辉长岩、闪长岩及超基性岩出露。岩浆岩活动从前兴凯至燕山旋回均有发生，具有多旋回的特点，且以晚华力西—印支期岩浆活动为主导。

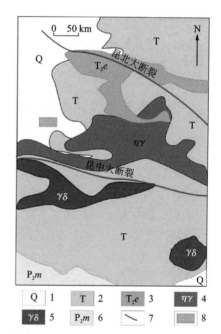

实验区处于伯喀里克—香日德元古宙古陆块体中。研究区区域地质图见图6.3.1，基本地质情况如下：

地层仅见古元古代金水口岩群变质岩和第四系松散堆积。

古元古代金水口岩群 Pt_1j：于本区呈近东西向带状展布，北侧以东西向断层 F1 与花岗闪长岩($\gamma\delta42$)成断层接触。南侧有华力西中期花岗闪长岩 $\gamma\delta42$ 成侵入关系。大多地段与 F2 断裂和花岗闪长岩($\gamma\delta42$)为断层接触。黑云斜长片麻岩：浅灰~灰色，花岗变晶~鳞片变晶结构，块状~片麻状构造。主要矿物成分质量分数：斜长石

1—第四系沉积物；2—三叠系碎屑岩、碳酸岩及火山岩；3—中三叠统鄂拉山组陆相火山岩；4—印支期二长花岗岩；5—印支期花岗闪长岩；6—二叠系中统茅口组灰岩；7—区域大断裂；8—实验区。

图 6.3.1　研究区区域地质图

35%~55%，黑云母15%~20%，石英20%~40%。黑云母为细小鳞片状，具定向

排列，斜长石为白色~浅灰色，石英为灰色，长石石英为粒状，透明~半透明，均有拉长现象，与黑云母相间排列，构成明显的片麻状构造。黑云斜长片麻岩与黑云石英片岩相间分布，互为夹层，局部地段有大理岩的夹层，该地层受华力西中期酸性侵入岩的影响，局部混合岩化作用形成少量的条带状混合岩并有后期石英细脉，脉宽一般为数厘米，最宽可达 40 cm，长数厘米至 100 cm。

新生代第四系：①风积物：风成黄土、沙土及少量风成沙分布在平缓山坡或沟谷两侧，厚 3~8 m。②现代沟谷中洪冲积砂、砾、砂土等沿沟谷堆积，无分选性，未成岩，厚 1~5 m。

褶皱构造：金水口岩群变质岩，大体呈走向近东西（NWW—SEE）、倾向北的单斜构造，倾角中等偏大，40°~75°，局部地段倾向南，倾角较陡。断裂构造：有近东西向断裂 F1、F2 及南西西—北东东向断裂 F3 和南北向断裂 F4、F5。F1：从西向东贯通整个普查区，长度大于 10 km，北盘为金水口群变质岩，南盘大部分为花岗闪长岩，最东段的北盘岩石为印支期花岗岩，断层倾向北，倾角 50°~70°，为逆断层。F2：呈近东西向展布在本区北部，普查区内长 6 km。西段为近东西向，断层倾向北，倾角较陡，为逆断层，南盘为金水口群变质岩，北盘为花岗闪长岩，东段走向变为北北东向。F3：断层走向 70°~250°，分布于普查区西边部，长度大于 5 km，西段北盘为二长花岗岩，南盘为花岗闪长岩，东段断层两盘均为花岗闪长岩，断层倾向北，倾角陡，为逆断层。F4、F5：在花岗闪长岩中，近南北向展布，长度小于 1 km，为张性平推右行断裂。

实验区岩浆岩分布范围很广，有华力西中期、印支期中、酸性侵入体，华力西中期侵入岩。①浅灰色中细粒花岗闪长岩 γδ42，大面积分布于本普查区，在外围地区呈东西向带状分布，本普查区位于实验区中段。岩石特征：浅灰色。矿物成分质量分数：斜长石 30%~35%，正长石 10%~15%，石英 30%~35%，角闪石 10%~15%，黑云母 5%~10%。岩石为不等粒结构，全晶质，以细粒结构为主，矿物粒径 0.5~2 mm，斜长石为白~浅灰色，正长石为浅粉红色，石英为灰~无色，皆以半自形晶结构为主，少数石英、长石粒径大于 2 mm。黑云母为黑色鳞片状集合体，呈 1~2 mm 的斑点状，有时呈六边形聚晶。岩石为块状构造，较为新鲜，少蚀变现象。岩石中节理裂隙较发育，主要有东西向、北北东向和近南北向三组节理，这些节理裂隙大多被后期的石脉、斜长石脉及少量辉绿岩脉充填。②二长花岗岩 ηγ42，位于含矿带附近，宽近百米，长大于 200 m，岩石已强烈高岭土化，呈白色，杂有黑色斑点。现有成分质量分数：高岭土 50%~65%，绢云母 25%~30%，黑云母 8%~10%，少量金属硫化物。块状、角砾状构造。原岩中长石类矿物已全部被高岭土代替，地表及浅部硐中均呈土状、粉末状，个别处可见长石类矿物的残留轮廓。黑云母经受蚀变作用微弱，保留了原形态，呈黑色片状集合体，可见六边形外形，边长为 1~2 mm，大小均匀，分布均匀，晶面上保留良好的珍珠光泽。可见岩石经受蚀变温度较低，属低温热液的氢交代产物，但环境较为封闭，热液或气液物质不易散发，高岭土、绢云母（含水）充分取代了长石类矿物。原岩中的石英、黑云母则得以保留。未见角闪石、绿泥石等其他暗色矿物。印支期侵入岩：浅肉红色似斑状黑云母花岗岩 γ51，见于普查区北东缘，F2 断层北盘的东段。南侧与华力西中期二长花岗岩断层接触，西侧与金水口群变质岩成侵入关系。矿物成分质量分数：石英 40%～45%，钾长石 35%～40%，斜长石10%～15%，黑云母 8%～10%，偶见少量角闪石。中粗粒结构，全晶质、斑晶质量分数为 25%～30%，以钾长石板柱状晶体为主，大小为 1 cm×(2～2.5)cm，晶隙间可见嵌生的石英。另有少量白色斜长石斑晶，亦可见到浑圆状的石英斑晶。基质以中粒结构为主。长英类矿物均为半自形结构。黑云母则呈黑色鳞片状集合体。岩石为块状构造，以含醒目的肉红色钾长石斑晶为特点。

6.3.3 青海省都兰县托克妥铜金矿地球物理概况

本次标本数据采集方法为小四极野外测量法。采集的数据和以往的数据一起分析。托克妥异常区地表覆盖厚度大，个别地段出露岩性主要有黄铁矿化安山岩、花岗闪长岩、蚀变黑云母花岗岩、安山岩。物性测定安山岩呈高阻低幅频特征，幅频率平均值为 2%左右，电阻率为几百至几万欧姆·米，平均为 11557 Ω·m，而蚀变及黄铁矿化安山岩（多采自钻孔内）呈中低阻高幅频特征，幅频率极大值达33%，平均值为 15.53%，电阻率平均值为 507 Ω·m，极小值为 23 Ω·m，极大值为 2722 Ω·m。区内花岗闪长岩呈低幅频中高阻特征，幅频率为 0.6%～4.65%，平均值为 2.51%，电阻率平均值为 1812 Ω·m。蚀变黑云母花岗岩（铜矿体赋矿岩性）为低阻高幅频特征，幅频率平均值达 16.4%，电阻率平均值为 108 Ω·m。各类主要岩（矿）石电性特征详见表 6.3.1。

表 6.3.1 主要岩（矿）石电性特征一览表

岩矿石名称	标本块数	视幅频率/%			视电阻率/(Ω·m⁻¹)		
		极小值	极大值	平均值	极小值	极大值	平均值
安山岩	38	0.52	14.06	2.07	653	52256	11557
黄铁矿化蚀变安山岩	30	2.52	33.02	15.53	23	2722	507
花岗闪长岩	47	0.60	4.65	2.51	344	11236	1812
蚀变黑云母花岗岩黄铜矿石	50	1.50	53.35	16.38	0.13	616	108

通过以上分析，得出小四极野外测量的结果，利用其平均值作出岩（矿）石电性直方图，如图 6.3.2 所示：

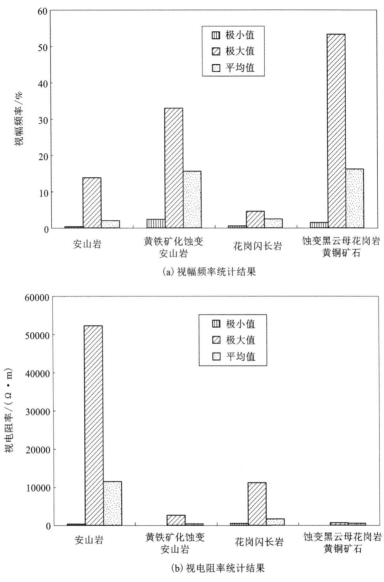

(a) 视幅频率统计结果

(b) 视电阻率统计结果

图 6.3.2　岩(矿)石电性直方图

　　通过以上图表可以看出平均视幅频率变化关系如下：蚀变黑云母花岗岩黄铜矿石>黄铁矿化蚀变安山岩>花岗闪长岩>安山岩；视电阻率变化关系如下：蚀变黑云母花岗岩黄铜矿石<黄铁矿化蚀变安山岩<花岗闪长岩<安山岩；且此矿区岩性的物理性质差异明显，为本次勘察工作提供了良好的地球物理前提。

6.3.4 青海省都兰县托克妥铜金矿实验方法技术

根据前期地质资料，测线方向为 EN24°，大致垂直于主要构造方向，与地质剖面设计方位一致，部分测线重合，由西北向东南以线号 1 线到 27 线依次平行展布，如图 6.3.3 所示，图中向上为正北向，黑色小点为激电中梯扫面点，五角星点为扫面后根据地质信息综合确定的激电测深点，倒三角为矿区标本采集点。

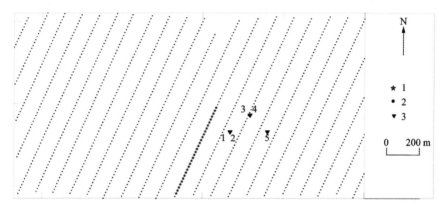

1—激电测深点；2—激电扫面点；3—标本采集点。

图 6.3.3   测量点位分布图

野外装置情况：激电扫面时利用中间梯度装置。中间梯度装置（简称中梯装置）的最大优点就是敷设一次供电导线和供电电极（A、B），就能在相当大的面积上进行测量，特别是能用几台接收机同时在几条测线上进行观测，因而具有较高的生产效率和抗干扰能力，适合开展面积性普查工作，如图 6.3.4 所示。另外，由于中梯装置的观测范围处于电极 A、B 的中间地段，当地形水平时，接近水平幅频条件，故对各种产状和不同电性的岩矿体均有较好的探测能力，且异常形态比较简单，易于解释。

测深采用对称四极装置：其主要特点是在测量电极 M、N 不变（或少变）的情况下，供电电极 A、B 对称地逐渐向两边拉开，如图 6.3.5 所示，通过不断加大 AB 的距离，达到了解从浅到深地下电性（导电性和激发极化效应）变化的目的。本次激电测深极距表如表 6.3.2 所示。

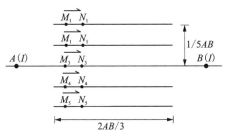

图 6.3.4　中梯装置观测示意图

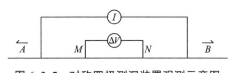

图 6.3.5　对称四极测深装置观测示意图

表 6.3.2　激电测深极距表

$AB/2$ /m	1.5	2	3	4.5	6	9	12	15	20	30	45	60	90	120	200	500	600	800
$MN/2$	当 $AB/2$ 为 1.5~9 m 时，$MN/2$ 取 1 m；当 $AB/2$ 为 9~90 m 时，$MN/2$ 取 8 m；当 $AB/2$ 为 90~1600 m 时，$MN/2$ 取 40 m；其中 $AB/2$ 为 9 m 和 90 m 时需要接头																		

6.3.5　青海省都兰县托克妥铜金矿实验成果

本次工作根据采区实际情况布置的测线网度线距为 100 m，测量极距 $MN = 40$ m，记录点为 MN 的中点，观测的参数为视幅频率 F_s 和视电阻率 ρ_s。中梯扫面的供电距 AB 为 1200~1400 m，满足 $AB = (4~10)H$（H 为目标体的顶部埋深）的要求。

本区域的激电扫面点物理实测点为 1334 个，实测最大视幅频率为 5.8%，最小视幅频率为 -0.8%，最大视电阻率为 6259 Ω·m，最小视电阻率为 52 Ω·m（数据处理时，因为是由点数据插值成为面数据，且一般扫面数据的负数需要剔除，所以最高值和最低值与后面成果图有所出入），对照表 6.3.1 来看，明显具有数据上的差异性，具体原因为：小极距对称四极露头标本测试测深较浅，装置系数计算精度也会降低，加之电流信号相对强烈，意味着探测的目标层相对地表以下几百米的激发极化效应产生的响应（视电阻率和视幅频率）会强一些，但整体数据应该成正相关的关系，趋势不变。通过统计分析矿区内明显已知无矿化的区域参数，背景值幅频率确定为 1%，扫面采集所有物理点数据的幅频率均值为 1.99%，异常下限确定为 2.4%，其结果如 6.3.6 所示（色标在图下部），视幅频率从 0.1%~5.4% 色标逐渐由蓝色变为红色，图中圈定了一个异常区域（用黑色虚线圈出），命名为 IP，异常中心比较富集于一点，面上异常初步估计达 0.5 km²，从面上来看倾向不易判断，图中出现的散点异常初步估计是单点异常，是否为采集数据时的干扰引起还有待判断；为了解释分析方便，在图 6.3.7 中的双频激电视电阻率等值线中把视幅频率的圈定区域平移了过来，色标由蓝色到红色分别表示视电阻率从 5 Ω·m 逐渐增大到 5000 Ω·m 以上，从图中可以看出，异常区域的视电阻率普遍较低，90% 以上区域在 800 Ω·m 以下，与图 6.3.6 中的高幅频率区域套合较好，单从物探角度来看，是较好的物探异常，异常中心在 15 线的 540 号点附近，整个异常疑似以 15 线 460 号点至 1000 号点呈对称分布。

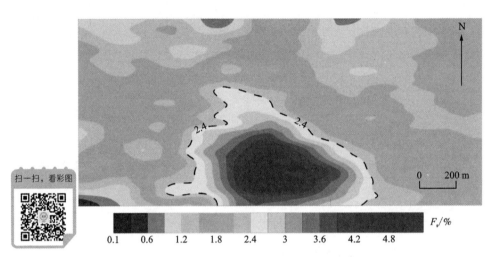

图 6.3.6　双频激电扫面中间梯度法测量结果视幅频率等值线图

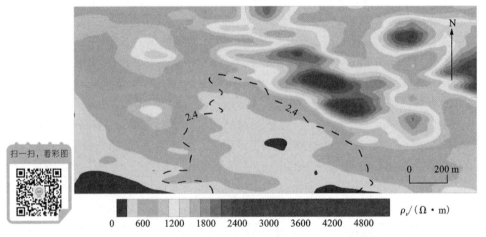

图 6.3.7　双频激电扫面中间梯度法测量结果视电阻率等值线图

反演模型以视电阻率断面的特征赋值进行反演，横向剖分间隔为 2 m，纵向分为 22 层，第一层的厚度为 5 m，下一层的厚度为上一层的 1.1 倍，使得反演深度达到约 357 m。具体见表 6.3.3。

表 6.3.3　对称四极纵向剖分各层下界面深度

层序	1	2	3	4	5	6	7	8	9	10	11
深度/m	5	10.5	16.5	23.2	30.5	38.6	47.4	57.2	67.9	79.7	92.7
层序	12	13	14	15	16	17	18	19	20	21	22
深度/m	106.9	122.9	139.9	158.9	179.7	202.7	228	255.8	286.4	320	357

反演利用快速最小二乘反演方法，通过正演和反演计算的拟合，反复调整正演模型。在反演过程中，拟合均方根误差和反演数据之间的关系如下：

$$RMS = \sqrt{\frac{\sum_{i=1}^{N}(d_i^r - d_i^m/d_i^r)^2}{N}} \qquad (6.3.1)$$

其中 RMS 表示视电阻率或者视幅频率的反演拟合均方根误差，d_i^m 表示模型的正演响应数据，d_i^r 为野外实测数据，N 为反演数据个数。迭代计算 5 次后，得到正演响应和野外实测数据拟合误差，视幅频率反演拟合均方根误差达到 0.58%，视电阻率反演拟合均方根误差达到 6.6%，效果良好，见图 6.3.8。

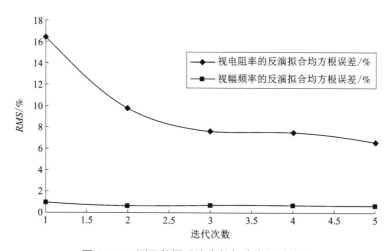

图 6.3.8　测深数据反演次数与迭代误差结果

14线420~1000号测点激电测深幅频率和电阻率二维反演结果如图6.3.9所示。图6.3.9(a)红色区域为反演幅频率异常界限2.4%，经过反演后，异常更加清晰，异常分布更加准确，在750号测点之前，存在一个高极化低阻体，倾向不明显，大致朝小号测点方向倾斜，800号测点深部存在一个低极化高电阻率异常体，推测为花岗岩侵入所致，方向朝向西南方位，顶部的低阻低极化体推测为第四系，越朝小号点，覆盖越厚，异常体的顶板埋深推测在海拔3450 m左右，起伏不大。750号测点以后，存在一个高幅频率异常，与图6.3.9(b)中的低阻异常对

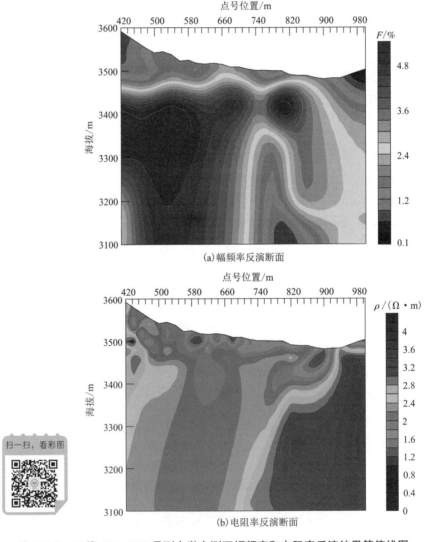

图6.3.9　14线420~1000号测点激电测深幅频率和电阻率反演结果等值线图

应很好,幅频率异常体的中心在海拔 3425 m 与 800 号测点的交会处,随着测点号和海拔的减小异常值逐渐减小直至消失,但其正对应的深部不存在异常,但随着测点号的增加幅频率异常分带更加明显,深部朝大号测点延伸;由图 6.3.9(b)明显看出只有在海拔 3400 m 以上,820~920 号测点存在异常带;电阻在 158 Ω·m 以下,东北方向向深部延伸,综合图 6.3.9(a)和图 6.3.9(b)可以看出高极化低阻体呈隐伏状态,地表被第四系泥砂岩或者其他低阻体覆盖,异常体的顶板较为平整,大致与海拔 3450 m 一致。

为了方便解释和推断,特把本区内的视幅频率等值线和视电阻率等值线套合进行面上异常分析,如图 6.3.10 所示。

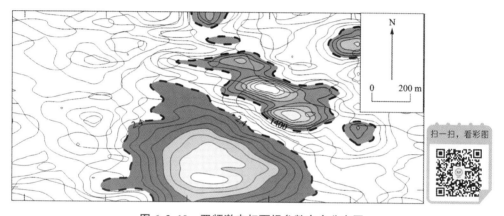

图 6.3.10　双频激电扫面视参数套合分布图

在图 6.3.10 中,蓝色等值线表示视幅频率等值线,其中蓝色粗虚线为以 2.4% 为边界的激电平面异常区域;黑色等值线为视电阻率等值线,其中黑色粗线为以 1400 Ω·m 大致划分的花岗闪长岩背景和二长花岗岩分布范围,等值线较为密集的地方即为断层或者矿化带、接触带的边界,根据地形地质条件及目前笔者所推测的结果,平面异常分布及地质解译简图如图 6.3.11 所示。

物探实验区内主要成矿的围岩为火成岩,即华力西期二长花岗岩和花岗闪长岩,异常产于物探普查区域的南部,位于花岗闪长岩内,异常特征呈片状,估计是花岗岩体内的内部次级断裂或者裂隙在地质运动时成为热液流通的通道,形成了蚀变黑云母花岗岩黄铜矿石,测量时具有激发极化效应。异常尖灭处呈带状突然消失,与二长花岗岩走向一致,基本与测线垂直。基本垂直测线的断裂在视电阻率和视幅频率平面等值线图中反映效果较好,根据套合分布图来看,接触带和异常边界的产状基本上大于 70°,另外一条断裂测量效果不明显,推断其延伸不深、形成时间较短,成矿可能性较小。二长花岗岩明显呈高阻,在视电阻率扫面

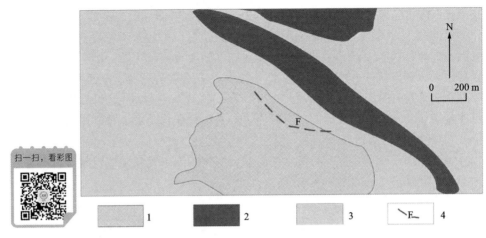

扫一扫，看彩图

0   200 m

1—推断异常；2—二长花岗岩；3—花岗闪长岩；4—推断断裂。

图 6.3.11　平面异常分布及地质解译简图

成果图中明显呈分带现象，很好地反映了二长花岗岩引起的高阻异常，解译图中大致圈定了其分布范围。在 IP 激电异常区域内，异常明显呈片状，推断走向方位与二长花岗岩平行，矿化体推断产生于垂直测线断裂的上下盘，推断断层 F 为控矿断裂。

为了更好地了解测深剖面的异常分布情况，在测深剖面地质解译图中绘制了平面激电扫面曲线，横坐标视幅频率和视电阻率一致，蓝色线表示地表所测中梯视幅频率，红色线表示视电阻率，920 号测点前曲线平缓，明显地呈高极化中等偏低电阻率特性，920 号测点至 1000 号测点突然出现较高电阻率，存在两个点的视电阻率高值现象，幅频率逐渐变小，推测深部的二长花岗岩隐伏地表第四系下从深部延伸上来；视幅频率小号点较为平缓，但到了 900 号测点附近的时候逐渐降低，推测异常体总体倾向朝向小号点，倾角较陡，在推断断裂的上盘，异常体的顶部埋深在海拔 3475 m 左右，地表为第四系，浮土较厚，几米到几十米不等。地质解译图见图 6.3.12。

为证实物探推断结果，特在激电测深线 650 号测点进行了验证。根据钻孔岩芯编录结果：地表以下几十米为黄土色第四系风泥沙，地表以下 102 m 出现灰色闪长玢岩隐晶结构、块状构造，裂隙发育，在裂隙及裂隙面上有团块状黄铁矿化，含高岭土化。延伸到 280 m 以下为灰白色蚀变闪长玢岩，有高岭土化、黄铁矿化、条带状铜矿化及铁闪锌矿化。

根据钻探结果推断整个激电异常受二长花岗岩和 F 断裂控制，整个异常成矿前景良好。

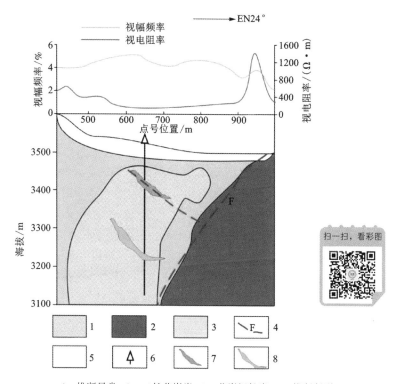

1—推断异常；2—二长花岗岩；3—花岗闪长岩；4—推断断裂；
5—第四系；6—钻孔；7—黄铁矿化；8—条带状铜矿化及铁闪锌矿化。

图 6.3.12　激电测深剖面综合地质解译图

6.3.6　青海省都兰县托克妥铜金矿地区实验小结

（1）在本区内通过标本测试可以总结得出：矿化岩体的幅频率为未矿化岩体的约 2.4 倍，第四系沉积物幅频率更低。

（2）贯穿测深剖面，都有异常存在，明显为隐伏异常体，异常顶板埋深为海拔 3450 m 左右；局部异常有富集现象，说明硫化程度较高，整体异常大致为层状，只是矿化程度分布不均，导致幅频率异常反演断面存在一定的倾伏。

（3）高寒地区双频激电法可以以大电流进行岩矿石的激发极化效应测试，利用有限单元法点源 2.5 维激电法可实现快速反演，快速进行地电断面立体填图，进而对矿产资源可以进行快速评价。

6.4 新疆清河县干旱区地下水资源勘查实验研究

6.4.1 新疆清河县地下水勘查区地理概况

清河县库布苏矿区地下水勘查主要是为了解决清河县库布苏矿区的生产生活用水问题。库布苏矿区行政区划属新疆阿勒泰地区青河县。位于县城南约170 km，地理坐标：东经90°10′22″至90°13′30″，北纬45°21′25″至45°21′52″。

矿区交通十分方便，奇台—青河公路南北向横越矿区。矿区北 3.5 km 有东西向简易公路，向西约 60 km 至卡姆斯特可与 216 国道相通，向东可达北塔山牧场及中蒙边境口岸。

库布苏矿区位于东准噶尔地区中蒙边境附近，地形较为平坦，主要由丘陵和戈壁滩组成，属中低山区，海拔一般在 1000~1300 m，地形坡度一般均在 10°以下，相对高差一般在 50~150 m，丘陵基岩多裸露，植被稀少。戈壁及沟谷大部分被第四系覆盖，多长红柳、灌木、草丛。矿区附近泉点及浅地表水较发育，如图 6.4.1 所示。

(a) 照片1

(b) 照片2

(c) 照片3

(d) 照片4

图 6.4.1 工作区地貌、泉点及植被情况

　　该地区为大陆性干旱荒漠气候。干燥、多风、少雨,昼夜温差大。日最高气温达 42℃ ,最低气温为零下 30℃ 以下,气温最高月份为 6 至 8 月,最低月份为 11 月至翌年 2 月。每年 10 月中旬开始降雪,次年 4 月中旬积雪全部融化。7 至 8 月气候干燥炎热,有暴雨。年平均降雨量为 186.4 mm,雨量较多的 7、8 月份平均降雨量为 90.2 mm,约等于年降雨量的一半。

　　该地区无常年性河流,在实验区内存在一泉点(野马泉),涌水量较大,为当地牧民生活的主要用水,但水质硬度大,为碱性水,不宜长期饮用。

6.4.2　新疆清河县区域地质及水文地质条件概况

　　(1)区域地层

　　区域内出露地层主要为志留系、泥盆系。

　　①志留系

　　志留系分布在工作区以南的广大地区,由志留系库布苏群下亚群(Skp^a)组成,由于区域变质作用,岩石多已变质为板岩、千枚岩,且强烈片理化。由下向上划分出两个岩性段。第一岩性段(Skp^{a-1})主要为灰绿色中粗粒变质砂岩、硬砂岩、含砾砂岩夹薄层硅质页岩及泥质板岩。第二岩性段(Skp^{a-2})以硅质粉砂岩、钙质页岩、千枚岩为主并夹薄层黄褐色石英长石砂岩、硅质板岩、硅质岩等。该亚群普遍承受区域变质及动力变质作用而具有轻微的重结晶和片理化现象。部分岩石变质已达亚绿片岩相。细碎屑岩多被板岩、千枚岩所代替,粗碎屑成分常被压扁拉长并平行排列。为一套浅变质的浅海相陆源碎屑岩建造。

　　②泥盆系

　　泥盆系由中泥盆统托让格库都克组(D_2t)和平顶山组(D_2p)组成。托让格库都克组主要分布于工作区及其北部的广大地区。下部为黄绿色、灰色凝灰质砂岩、砾岩、粗砂岩、砂岩等;中部碎屑粒度变细,有黄绿色、灰黑色钙质页岩、细砂岩、粉砂岩等,以细砂岩、粉砂岩为主;上部为灰色、灰绿色凝灰岩、沉凝灰岩,夹凝灰质砾岩、含砾粗砂岩、粉砂岩等。库布苏金矿化带主要位于托让格库都克组中部。平顶山组主要分布于东部小红山岩体边缘接触带以及库普深断裂西南,岩性为凝灰质砂岩,晶屑-岩屑凝灰岩及含砾细砂岩。由于花岗岩体侵入,在紧靠岩体的外接触带上普遍发生角岩化。

　　(2)岩体

　　①富斜花岗岩(γo_4^{2d}),即小红山岩体,分布于工作区以东 4.5 km,形状不大规则,总面积在 100 km^2 以上。向北延入库兰喀孜干以东,为一被破坏的大岩基。侵入的最新地层为中泥盆统托让格库都克组(D_2t),同时被富钾花岗岩(γ_4^{2f})侵

入。与围岩界线清楚。

②富钾花岗岩(γ_4^{2f})侵入富斜花岗岩中。岩石类型单一，均为肉红色富钾花岗岩、黑云母花岗岩。一般具中粒、中–细粒花岗结构，呈岩基产出，与富斜花岗岩(γo_4^{2d})组合在一起，区域上构成小红山花岗岩基复式岩体，出露于金矿化带东北侧，使金矿化带向东延伸收敛于花岗岩基复式岩体南缘接触带上。

（3）断裂构造

该地区断裂较为发育，主要有：

①金矿化带南侧边界断裂(F_1)：位于金矿化带南侧，走向300°，向西延伸呈近东西向与库布苏北大断裂(F_5)斜交，向东延伸与金矿化带北侧断裂(F_3)斜交，出露长度约6.5 km。断裂为多期次活动，并控制了金矿化带内闪长玢岩、石英钠长斑岩脉侵入的南侧边界。破碎带宽10 m，由一系列向北逆冲的次级小断裂组成，断裂面倾向175°，倾角65°，由南向北逆冲，为逆断层性质。

②金矿化带北侧边界断裂(F_2)：位于金矿化带北侧，呈向北突出的弧形展布，向西延伸与F_5断裂斜交，向东延伸与F_3断裂复合，地表出露长约3.5 km。该断裂也为多期次活动，控制了金矿化带各种岩脉侵入的北侧边界。断层面向北倾斜，倾角60°~80°，由北向南逆冲与F_1断裂共同组合，构成对冲形式。

③金矿化带断裂(F_3)：位于金矿化带北侧，是划分金矿化带脆韧性变形构造带与脆性变形构造带两个不同变形区的断裂。断裂走向310°，向北西延伸，向南东延伸与库布苏北断裂(F_3)归并，且被小红山岩体北西向断裂(F_4)所截，区内出露长约25 km，该断裂向北倾斜，北盘上升，为逆断层。

④小红山岩体北西向断裂(F_4)：位于金矿化带东北小红山岩体边部，走向北西330°，切断库布苏金矿化带，向南东延伸，长约20 km。断裂北东盘相对上升，地貌上形成明显的断层崖，沿断裂发育有宽达数十米的断层破碎带，断裂面向北东倾斜，倾角65°~80°，为逆断层。

⑤库布苏北大断裂(F_5)：分布于金矿化带南侧志留系库布苏群与中泥盆统托让格库都克组分界线上，走向北西300°，地表出露长约22 km，挤压破碎带宽40余m，岩石挤压破碎，角砾岩呈透镜体状沿断裂带展布，石英脉发育，根据断裂带内挤压片理、面理及伴生小构造等特征，断裂面向南西倾斜，上盘上升，为一高角度逆冲断层。

（4）水文地质条件

该区地表水主要接受大气降水补给，其次为构造裂隙水。该区属低山丘陵区侵蚀堆积地貌，相对高差为10~30 m，区内无常年性河流。

在库布苏矿区西北约10 km的库丝喀孜干地区，属山间洼地地貌，出露多个泉眼，涌水量较大，其中一处经昼夜观察，每小时涌水量为5~10 m³，沿线状发育，但水质硬度大，为碱性，不宜饮用。七至八月涌水量减小，其余时间基本能满足生活用水。

在距离库布苏矿区 60 km 的北塔山牧场水资源较丰富，水质较好。

在距离库布苏矿区 5～25 km 的科普苏—喀托吐腊地区，出露地层岩性为奥陶系砂岩和华力西期侵入岩，压扭性断裂发育，延伸数十公里，沿断裂一侧发育数个泉眼，流量为 0.017～9.314 L/s，变化较大，前人成果表明，村民井深 21.20 m，抽水降深 4.59 m，涌水量 363.57 m³/d，说明断裂带具有明显的控水意义。

在距离库布苏矿区 20 km 的库仍毛仁地区，出露地层岩性为第四系砂卵砾石，据前人成果，厚度大于 70 m，具有良好的储水空间，从地貌条件分析，乌伦布拉格河延伸至该区尖灭下渗，该区下游分布大量植被和灌木，说明河流补给地下水后向下游运移，具有极好的储水前景。

区域主要岩性为凝灰岩、砂岩等，植被较稀少，岩石多裸露于地表。通过钻孔水文地质编录，发现岩芯普遍比较完整，节理、裂隙发育相对多，钻孔偶见漏水，水位埋深多在 15～30 m。在库布苏矿区 49 线民采坑道内，经昼夜观察，每小时涌水量为 12～15 m³，为裂隙水。区内地下水为构造裂隙水，主要接受大气降水补给，区内钻孔未发现明显隔水层和含水层。

6.4.3　新疆清河县地下水勘查区地球物理特征

综合库布苏矿区水文地质调查资料和实验区现场踏勘情况，选取库布苏矿区西北约 10 km 的野马泉附近作为找水靶区。实验区内地层主要为第四系砂及亚砂土，电阻率一般为 $n×10^1～n×10^2 \ \Omega \cdot m$；泥盆系中统托让格库都克组的钙质砂岩、砾岩及生物灰岩，电阻率一般为 $n×10^2～n×10^3 \ \Omega \cdot m$；区内出露大面积肉红色富钾花岗岩，并与钙质砂岩地层呈陡立接触，电阻率一般为 $n×10^3～n×10^4 \ \Omega \cdot m$。对于含水的构造破碎带，电阻率通常较低，仅几十欧姆·米，它与围岩之间存在明显的电性差异，为本工区开展双频激电法找水工作提供了良好的地球物理前提。

6.4.4　新疆清河县地下水勘查方法与技术

本次激电工作使用 SQ-3C 双频激电仪，测线、测点布置采用 RTK 放点，工作装置选取联合剖面法和阵列式三极测深法。

（1）联合剖面法

工作装置由两个三极装置 AMN 和 MNB 组成，如图 6.4.2 所示，其特点就是在一条观测剖面上能得到两条视电阻率曲线和两条视幅频率曲线。根据曲线的交点位置确定断层的位置和产状，横向分辨率较高。本次物探工作，测量极距设计为 20 m，供电极距 AO、BO 设计为 110 m。

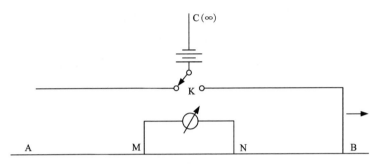

图 6.4.2 联合剖面法观测示意图

(2)阵列式三极测深法

观测方式如图 6.4.3 所示，测量极距设计为 20 m，最大供电极距 AO 设计为 660 m。在野外布线时，先将测量电极(11 个)一次性布设好，把每个测量电极的线头连接到接收机处，供电电极 B 为无穷远极，垂直于测量排列，放置得尽量远。测量电极用铜棒，在测量排列内，M_3 供电，M_1M_2 接收；M_4 供电，M_1M_2、M_2M_3 接收；M_5 供电，M_1M_2、M_2M_3、M_3M_4 接收 …… 直到 M_{11} 供电，M_1M_2，M_2M_3，…，M_9M_{10} 接收。在测量排列外逐点布置供电电极 A，为增加勘探深度，以指数形式或点距的整数倍逐渐增加供电极距 AO，进而达到了解地下不同深度电性(导电性和激电性)变化的目的，采集效率可以达到传统观测方式的 10 倍。

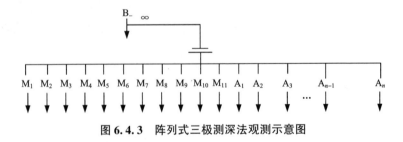

图 6.4.3 阵列式三极测深法观测示意图

（3）测线布置与数据采集

在野马泉实验区共布设了 8 条测线，测线编号为 Y3 线、Y8 线、Y9 线、Y10 线、Y11 线、Y12 线、Y13 线和 Y14，测线布设详见图 6.4.4。数据采集过程中，为减少接地电阻，增大供电电流（大于 300 mA），在供电电极位置浇水，以保证观测数据的稳定性。

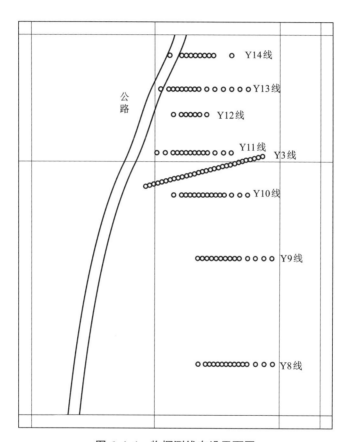

图 6.4.4　物探测线布设平面图

6.4.5　新疆清河县地下水资源勘查实验成果

（1）资料解释原则

电法勘探以地下介质的电性、激电性差异为基础。由于地下岩石成因环境不同，同时受构造运动的影响，因而在纵向和横向上产生电阻率的变化；此外岩石的电阻率还与地层结构、成分、岩石颗粒的大小、密度以及地下水含量等因素有关。从而可根据反演断面图电性特征的分布情况，推断解释地下目标体的埋深、形态及分布规律等。在断面上，存在电阻率等值线密集带或横向斜率突变带，说明在该处两侧存在不同地质体，往往是不同电性地质层的分界处或断裂带。推断断裂构造时，低电阻显示区范围广，电阻率过低，可能为断裂破碎严重区，构造裂隙水通常较发育。

在进行资料解释时，遵守从已知到未知、从点到面、从简单到复杂、从局部到全区的原则进行。根据双频激电测深二维反演断面图和联合剖面曲线图，并结合水文地质和钻孔等资料进行综合分析研究，以提高资料解释的准确性。

（2）激电资料解释

下面对野马泉实验区 8 条测线（Y3 线、Y8 线、Y9 线、Y10 线、Y11 线、Y12 线、Y13 线和 Y14 线）的物探成果进行解释分析。

Y3 线激电测深二维反演断面图如图 6.4.5 所示，电阻率和幅频率等值线在 2510~2530 号测点呈现出梯度带，推断为构造破碎带的反映，记为断层 F1。推断断层倾角大于 80°，并且向下有一定程度的延伸，富含构造裂隙水。

Y3 线激电测深工作完成后，在 Y3 线 2522 号测点开展了钻探工作（钻孔编号 ZK1），设计孔深 150 m。该孔 0~25 m 为第四系松散沉积物，25~70 m 为凝灰质砂岩，70 m 以下为花岗岩。井深 130 m 处突然涌水。由于水压过大，冲击钻探方法难于施工，于 136 m 深度处终孔，未打穿断层破碎带，终孔孔径 110 mm。该断层含水量较大，采用 32 m^3/h 水泵进行抽水试验，静水位 2.1 m，动水位 28 m，水位降深 25.9 m，经计算 ZK1 钻孔出水量为 46.3 m^3/h（1111.2 m^3/d）。

由于该孔不能满足矿山 2000 m^3/d 的水量要求，故在 2526 号测点开展钻探工作（钻孔编号 ZK2，距 ZK1 钻孔 4 m），孔径 315 mm，0~5 m 为第四系松散沉积物，5~90 m 为凝灰质砂岩，90 m 以下为凝灰质砂岩与花岗岩接触带，在深度 165~180 m 范围内见断层破碎带，终孔深度 199.5 m。采用 32 m^3/h 水泵进行抽水试验，静水位 3.5 m，动水位 160 m，水位降深 156.5 m，经计算 ZK2 钻孔出水量为 16.05 m^3/h（385.2 m^3/d）。在 ZK2 钻孔进行抽水试验时，ZK1 钻孔的水位变化很小，说明两钻孔间断层带可能存在泥质充填物堵塞，或由于 ZK2 钻孔采用泥浆钻进工艺，未经很好的洗孔，两孔的连通性较差，但随着抽水时间的增长，ZK2 孔的出水量将有所增加。

为查明 F1 断层的走向情况，物探测线布设遵循从已知到未知的原则，即以钻孔 ZK1 为中心，先布设一条经过 Y3 线 2520 号测点且走向为南北向的基线，然后在 ZK1 钻孔的南北两侧（距孔 50 m）各布设一条测线，分别记为 Y10 线和 Y11 线，分别进行了双频激电联合剖面法测量，绘制的联合剖面曲线分别如图 6.4.6 和图 6.4.7 所示。从图中可看出，左右支曲线未出现由含水构造引起的低阻正交点，而呈现出同步低阻低极化特征。推断 F1 断层从 Y10 线 2510~2570 号

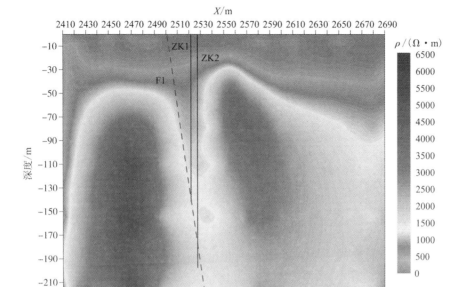

(a)电阻率反演断面图

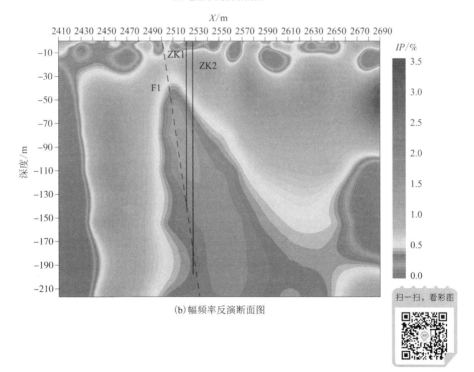

(b)幅频率反演断面图

扫一扫,看彩图

图 6.4.5　Y3 线激电测深二维反演断面图

测点和 Y11 线 2490~2530 号测点范围内通过。为确保推断的可靠性，在 Y10 线 2470~2650 号测点和 Y11 线 2430~2610 号测点追加激电测深点，并对其进行了二维反演处理，反演结果分别如图 6.4.8 和图 6.4.9 所示。由图中可看出，电阻率和幅频率等值线在断层带附近呈现出密集带，断层异常特征极为明显，推断 F1 断层穿过 Y10 线 2550 号测点和 Y11 线 2530 号测点，断层位置岩石较破碎，富含构造裂隙水。

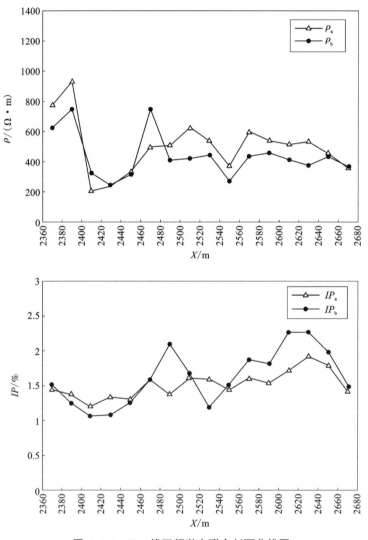

图 6.4.6　Y10 线双频激电联合剖面曲线图

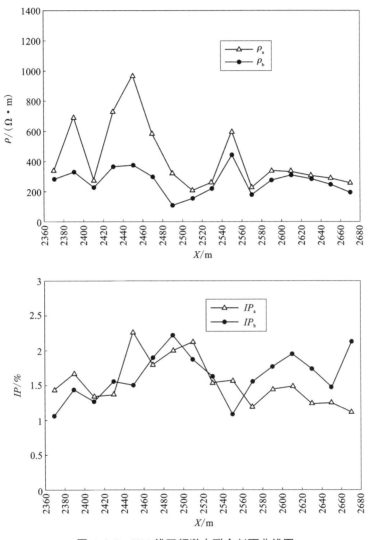

图 6.4.7　Y11 线双频激电联合剖面曲线图

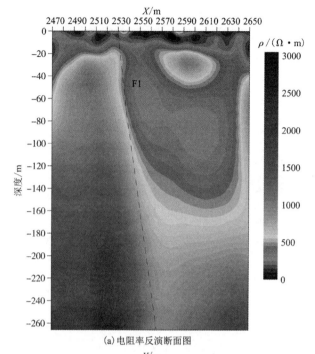

(a) 电阻率反演断面图

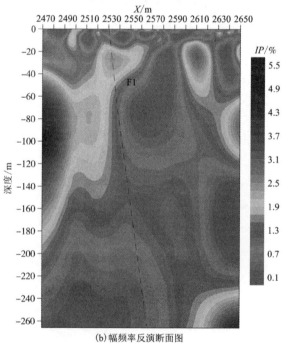

(b) 幅频率反演断面图

图 6.4.8　Y10 线激电测深二维反演断面图

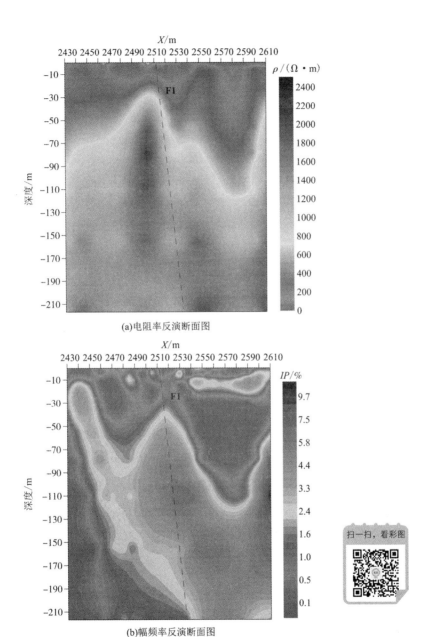

(a)电阻率反演断面图

(b)幅频率反演断面图

图 6.4.9　Y11 线激电测深二维反演断面图

向 ZK1 孔北侧继续追踪 F1 断层，在距该孔 140 m、200 m 和 280 m 处分别布设 Y12 线、Y13 线和 Y14 线，激电测深二维反演结果分别如图 6.4.10、图 6.4.11 和图 6.4.12 所示。在 Y12 线 2490~2530 号测点电阻率和幅频率等值线在横向上梯度变化较大，向下有一定程度延伸，推断 F1 断层在此处通过；同样在 Y13 线 2480~2520 号测点、Y14 线 2510~2540 号测点范围内，电阻率和幅频率等值线呈现出密集带，推断 F1 断层穿过 Y13 线和 Y14 线，一直向北偏东方向延伸。在这三条线 F1 断层穿过的位置，电性在横向上均表现出不连续性，并且电性差异较大，说明岩石较破碎，含构造裂隙水。其中在 Y13 线 2500 号测点的位置，断层带低阻异常特征与 ZK1 孔钻处的异常特征极为相似，推断此处富含构造裂隙水，在 Y13 线 2500 号测点位置布设了探水钻孔，设计孔深 250 m。0~8 m 为第四系松散沉积物，8 m 以下为凝灰质砂岩，全孔未见到花岗岩。全孔岩石较硬，180~210 m 岩石略有破碎，见有少量断层泥。水泵下至 200 m 深处，累计进行抽水试验 120 h，连续抽水，水位稳定在 150 m，通过三角堰法测量，该孔出水量约为 20 m³/h。

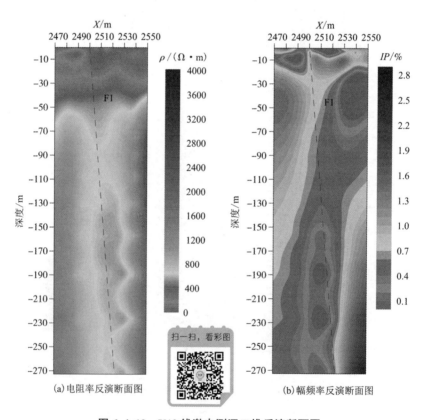

(a) 电阻率反演断面图　　　　　　(b) 幅频率反演断面图

图 6.4.10　Y12 线激电测深二维反演断面图

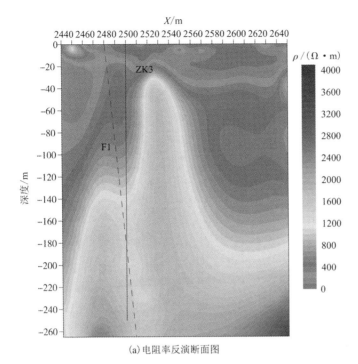

(a) 电阻率反演断面图

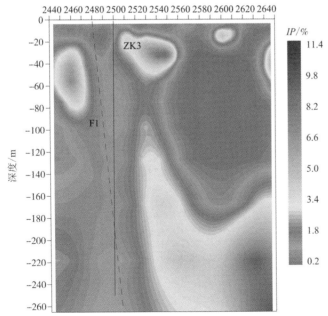

(b) 幅频率反演断面图

图 6.4.11　Y13 线激电测深二维反演断面图

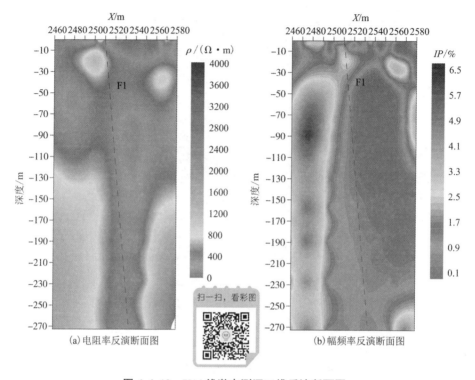

图 6.4.12　Y14 线激电测深二维反演断面图

在 ZK1 钻孔南侧 200 m 和 450 m 分别布设两条东西向测线，向南继续追踪 F1 断层，测线编号分别为 Y9 线和 Y8 线。Y9 线和 Y8 线的激电测深二维反演结果分别如图 6.4.13 和图 6.4.14 所示，从图 6.4.13(a)可看出，2560~2610 号测点电阻率等值线在横向上梯度变化较大，推断 F1 断层在此处通过。在 100~210 m 深度段，存在一明显低阻异常封闭圈，其与图 6.4.13(b)在此深度范围的幅频率梯度异常对应，推测该段岩石较破碎，由于断层破碎带较宽且比较陡立，含构造裂隙水，也不排除此处被断层泥充填的可能。在 2580 号测点设计了探水钻孔，设计孔深 250 m。受地表高压电线影响，后期在 2570 号测点开孔，井径 319 mm，下直径为 279 mm 的钢编井管 13 m，终孔深度 250 m。0~2 m 为第四系松散沉积物，2 m 以下全孔为花岗岩。18~20 m、90~95 m、130~135 m、210~220 m 处见到较明显的出水点。水泵下至 200 m 深处，累计进行抽水试验 48 h，连续抽水，水位稳定在 130 m，通过三角堰法测量，该孔出水量约为 22 m³/h。从 Y8 线的激电测深反演结果来看，在 2555 m 处电阻率和幅频率等值线呈现出密集带，并向下有一定程度延伸，推断 F1 断层在此处通过。

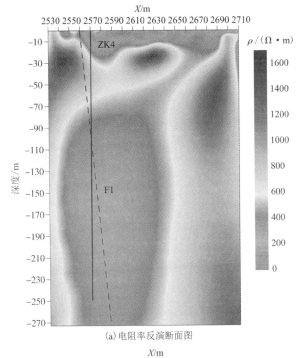

(a)电阻率反演断面图

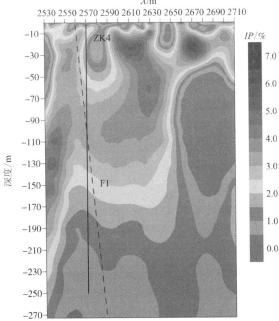

(b)幅频率反演断面图

图 6.4.13 Y9 线激电测深二维反演断面图

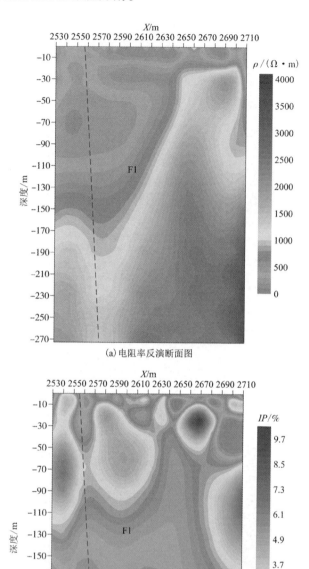

图 6.4.14　Y8 线激电测深二维反演断面图

6.4.6　新疆清河县地下水勘查实验小结

通过本次地下水勘查工作，结合区域水文地质资料，得到如下结论：

（1）采用双频激电法在新疆干旱区开展地下水勘查工作是非常有效的，本次工作选取的观测方法与数据处理技术是合理的，圆满地解决了库布苏矿区生产生活用水问题，达到了预期勘查目标。

（2）计算钻孔 ZK1～ZK4 的总出水量约 2500 m^3/d，解决了库布苏矿区及周边牧民的生产生活用水问题。综合考虑 8 条测线的物探成果，推断 F1 断层在南北向上延伸较长（大于 700 m），地层岩性为花岗岩和凝灰质砂岩，岩石较硬，导水性较好，补给速度快，而且花岗岩和凝灰质砂岩中地下水的水质也相对较好，从水质分析结果来看，该区地下水可作为矿区工作人员的日常生活用水，较好地解决了矿山生活用水长期远处托运的问题。

6.5　西部特殊地貌景观区双频激电法应用研究总结

西部特殊地貌景观区双频激电法实验研究项目来源于中国地质调查局的示范项目，野外工作历时 10 年有余，笔者从西南到西北，从热带雨林到青藏高原，足迹踏遍了大半个中国，所到之处既有崇山峻岭，也有不毛之地。工作地区多为少数民族地区，人烟稀少、气候恶劣，工作和生活条件均十分艰苦，这对参与实验的仪器和人员均是一种严峻的考验。所幸参与研究的所有人员并没有在困难面前退缩，双频激电法及其仪器再次在恶劣的环境中展示出了无比的优越性。能顺利完成实验研究不是我们的目的，能高效率、高质量采集到数据不值得骄傲，但本项目的研究成果能在全国范围内得以推广，并在短时间内取得好的找矿效果，才是真正值得我们兴奋和自豪的。

从西部特殊地貌景观实验区双频激电系统的实验效果看，双频激电系统能在地形起伏严重、交通不便、气候寒冷等恶劣条件下较快、较好地完成各项野外工作，解决各项地质勘探问题，为我国西部特殊地貌景观区开展各项资源勘探工作找出了一种既快又省的行之有效的方法。

笔者研究了一套根据工作比例尺、工作条件选择装置类型的原则，认为在工作比例尺为 1∶2 万时中间梯度装置与偶极-偶极装置的工作效率相当，但后者异常与异常体的对应关系复杂，导致资料解释困难；前者异常形态简单，可以快速确定异常体的位置，但中间梯度装置在地形起伏大（相对高差 200 m 以上）、布线困难地区（如石居里矿区西部）工作效率低。因此，研究认为工作比例尺大于 1∶2 万时，宜采用中间梯度装置工作，且比例尺越大工作效率越高；而工作比例尺小于 1∶2 万时，宜采用偶极-偶极装置，比例尺越小工作效率越高。

对比了双频激电与幅频激电的工作效率、地质效果。结果表明在相同条件下双频激电是幅频激电工作效率的 3 倍左右，幅频激电在雪线以上测量数据不稳、数据质量差，检查质量难以达到精度要求。

SQ-3B 及以前系列的双频激电仪虽然能较好满足在西部等特殊地貌景观区开展面积性工作的各项要求，但通过多次西部特殊地貌景观区的现场实验工作，发现其存在许多不足，笔者仔细研究并具体分析了实验区的特殊地形地貌特征和现场工作情况，在综合考虑后勤供给、交通运输等多方面因素的前提下，为研制更适合西部特殊地貌景观区的双频激电法技术体系，提出了对仪器系统的改进优化建议和下一步的研究重点：

（1）基于我国西部等地区人烟稀少、道路不畅通、仪器充电不方便的特点，提出进一步减小仪器系统的功耗；

（2）基于我国山区、丘陵等起伏地形较多，野外操作人员工作强度大的情况，为了进一步提高野外工作效率，降低工作强度，提出进一步减轻仪器的自重；

（3）基于我国地质勘探程度低的地区多为地形起伏、交通不便、气候寒冷等情况，提出进一步提高仪器系统的采集精度与稳定性，增强仪器的防水防尘能力；

（4）基于西部特殊地貌景观区早晚温差变化大的特点，提出增加仪器温飘自动检测和改正系统，提高仪器的测量精度；

（5）基于现有仪器系统不能实时显示野外数据情况，不便于野外工作人员及时掌握野外工作质量和效果的问题，提出增加仪器的实时显示功能；

（6）基于我国幅员辽阔，地质情况复杂，单一组频率对不能满足野外实际情况的需要，提出增加仪器的频率对数，以适应各种野外现实情况对频率选择的需要；

（7）基于原有仪器缺少数据保存功能，单纯依赖手工记录，降低了工作效率，且在后期数据录入时增加了数据出错的可能性，提出增加仪器采集数据自动贮存与处理功能，提高野外工作效率与精度；

（8）基于部分实验区电阻率低、气候干燥接地困难的情况，为保证数据质量，需要高电压、大电流，提出增加仪器输入过压、输出过流保护功能，确保仪器安全可靠；

（9）基于现有双频激电解释系统的功能不强，难以解决西部等地形起伏大的复杂地形校正、高维数据解释等问题，提出修改现有解释系统，增加软件的复杂地形校正及高维数据处理解释等功能；

（10）基于在广西泗顶岩溶山峰地区碳质页岩与铅锌矿、黄铁矿异常同样具有高极化低电阻特性，提出采用伪随机三频相位区分异常性质的可能性，野外最简单有效的方法是将相对相位剖面与水槽矿物标本的相对相位剖面进行对比，结合地质构造找出相对相位变化的规律，并以此进行异常性质的区分。

第 7 章　西部特殊地貌景观区双频激电法研究成果与展望

7.1　主要研究成果

本研究密切结合国民经济建设对矿产资源需求增加的现实问题,根据我国中东部地区经过长期勘探工作,难以找到中浅部矿产资源的现实情况,在中国地质调查局的大力支持下,针对我国西部特殊地貌景观区海拔高、地形复杂、交通不便、气候干燥、接地困难、早晚温差大等特点,对双频激电方法的应用效果、现有双频激电仪器的适用性、人员组织、动力配置、工作效率等问题开展了系统性的研究。在以下方面取得了创新性的成果。

(1)在系统研究激电法理论和双频激电原理的基础上,经过"实验—总结—改进"的循环实践和研究,总结出了一套适合西部特殊地貌景观区的激电方法技术体系,掌握了提高双频激电法工作效率的技术,使双频激电法的工作效率比变频法提高了 2~3 倍。

(2)研究了一套根据工作比例尺、工作条件选择装置类型的原则。认为在工作比例尺为 1∶2 万时中间梯度装置与偶极-偶极装置的工作效率相当,但后者异常与异常体的对应关系复杂,导致资料解释困难;前者异常形态简单,可以快速确定异常体的位置,但中间梯度装置在地形起伏大(相对高差 200 m 以上)、布线困难地区(如石居里矿区西部)工作效率低。因此,研究认为工作比例尺大于 1∶2 万时,宜采用中间梯度装置工作,且比例尺越大工作效率越高;而工作比例尺小于 1∶2 万时,宜采用偶极-偶极装置工作,且比例尺越小工作效率越高。

(3)针对岩溶峰林地区(如广西泗顶矿区)地形陡峭通行困难、山体与山下电阻率差异大(山体为高阻灰岩,山下为寒武系低阻砂岩)造成接收信号微弱、观测困难,从而造成数据空白区的问题,开展了空白区数据插值研究,提出了适合本区的趋势面拟合多重二次曲面插值算法,为后续资料处理和解释提供了更加合理的原始数据资料,对路福异常的验证和开采证明了这一插值方法的有效性。

(4)利用伪随机激电三频相位首次成功区分了碳质异常和铅锌矿异常,经钻孔验证,准确率达到 100%。

(5)针对西部特殊地貌景观区的特点,根据研究结果,提出了适应西部特殊地貌景观区的仪器设计思路，在原有 SQ-3 型仪器的基础上，开发出了 SQ-3C 型双频激电仪，在以下方面进行了重新设计和优化：

①仪器采用了智能化设计，实现了逻辑自动控制、增益自动调节、温度自动补偿、电压自动监视、采集数据自动存储等功能。

②为了降低功耗，发送机与接收机均采用低功耗的单片机技术，因而机内电源可使用小容量、小体积的高能电池，确保仪器体积小、重量轻、携带方便。

③加强了机芯的稳定性，减少机械振动对机器的影响。

④接收机设有自检及输入瞬间过压保护功能；发送机设有输入过压、输出过流保护功能，保证了仪器安全可靠。

⑤优化了仪器工艺设计，减少了仪器的结合部位，采用了全密封触摸键盘和导槽，增强了防水防尘能力，采用了防震、防尘设计，减少了机械振动对机器的影响，使这个系统更适用于高山困难地区，进而大大降低了仪器故障率，保障了工作的顺利进行。

⑥采用了多频组设计，可根据地质情况、电阻率的高低、探测深度要求等进行频率的选择。

(6)为了解决西部特殊地貌景观区地形起伏大、对视电阻率数据影响大的问题，采用有限元法，开发了基于 Windows 操作系统的带地形二维电阻率、幅频率联合反演系统。该系统具有建模简单、计算速度快的特点。

(7)为了配合本研究成果的推广应用，笔者与国内知名专家一起编制了《双频激电法技术规程》和《激发极化法方法技术指南》。

(8)本研究成果已在全国 300 多个单位得到了应用，多数单位已经取得了很好的找矿效果，仅对部分应用统计，已找到了金、银、铜、铅、锌、钼、铁等矿种。

7.2 后续研究展望

由于本课题属应用研究，特别是实验区工作生活条件十分艰苦，研究工作受时间限制，因此还有许多问题未能及时在现场开展研究。随着应用领域的扩大和研究程度的深入，也会有许多新问题出现，值得进一步研究。

需要进一步开展研究的问题主要有：

(1)高阻山体与低阻山基因电阻率差异过大，工作中电流过于集中在山基，造成山体接收信号微弱、观测困难的问题。

(2)在层状地质条件下采用中间梯度装置时，因一个供电极位于出露的低阻地层造成该侧剖面上极化率出现负值的问题。

(3)长剖面上采用中间梯度装置，因供电电极移动造成的剖面数据不重合与电极附近电性关系问题。

（4）随着电子元器件的更新换代和深部资源勘探的需要及生产单位投入的增加，新型大功率仪器的需求将越来越大，大功率仪器（特别是发送机）的研究也迫在眉睫。

（5）对于双频激电异常源的性质区分问题，目前研究得还不够，还需要收集大量的第一手资料，应针对不同地区、不同岩性建立相应的三频相对相位数据库，为野外数据解释提供更准确、更有力的资料支持。

（6）加强 2^n 系列伪随机信号的伪随机多频电磁法观测系统的研制，为双频激电异常源性质区分问题提供更准确、更丰富的信号，提高异常源性质区分的效率、精度与准确性等。

（7）加强三维双频激电数据处理解释系统的深入研究，优化程序中的算法，进一步提高解释系统的数据处理速度与精度，为地质勘探工作提供更准确、更丰富的地质资料。

参考文献

［1］ 胡运红. 西部能解我国金属矿产资源危机吗[N]. 中国黄金报, 2005-10-25.

［2］ 何继善. 电法勘探的发展和展望[J]. 地球物理学报, 1997, 40(S1): 308-316.

［3］ 李金铭. 电法勘探方法发展概况[J]. 物探与化探, 1996, 20(4): 250-258.

［4］ 年宗元. 我国勘查地球物理的若干进展—1995年[J]. 物探与化探, 1996, 20(6): 401-408.

［5］ 刘士毅, 张明华. 中国金属矿地球物理勘查[J]. 地学前缘, 1998, 5(2): 201-207.

［6］ (苏)日丹诺夫(Жданов М С). 电法勘探[M]. 潘玉玲, 王守坦, 译. 武汉: 中国地质大学出版社, 1990.

［7］ 傅良魁. 激发极化法[M]. 北京: 地质出版社, 1982.

［8］ 中南矿冶学院物探教研室. 金属矿电法勘探[M]. 北京: 冶金工业出版社, 1980.

［9］ 刘崧. 谱激电法[M]. 武汉: 中国地质大学出版社, 1998.

［10］ 刘崧, 徐建华. 用复电阻率法探测油气藏的研究[J]. 地球科学, 1997, 22(6): 627-632.

［11］ LIU S, VOZOFF K. The complex resistivity spectra of models consisting of two polarizable media of different intrinsic properties[J]. Geophysical Prospecting, 1985, 33(7): 1029-1062.

［12］ ARAI E. Development of the IP tomography system and field testing in the Seta area, Japan [C]//SEG Technical Program Expanded Abstracts 1997. Society of Exploration Geophysicists, 1997: 1961-1964.

［13］ FRANGOS W. Stable-oscillator phase IP systems [C]// WARD S H. Induced polarization. Society of Exploration Geophysicists, 1990, 79-90.

［14］ SEIGEL H O. The magnetic induced polarization (mip) method[J]. Geophysics, 1974, 39(3): 321-339.

［15］ (苏)柯马罗夫(В. А. Комаров). 激发极化法电法勘探[M]. 阎立光, 译. 北京: 地质出版社, 1983.

［16］ 王兴泰, 万明浩, 等. 工程与环境物探新方法新技术[M]. 北京: 地质出版社, 1996.

［17］ 罗延钟, 张桂青. 频率域激电法原理[M]. 北京: 地质出版社, 1988.

［18］ 何继善. 双频激电法[M]. 北京: 高等教育出版社, 2005.

［19］ SOININEN H T, VANHALA H. Spectral induced polarization method in mapping soils polluted by organic chemicals [C]// 54th EAEG Meeting. Paris, France,. European Association of Geoscientists & Engineers,. 1992, 366-367.

［20］ VANHALA H. Mapping oil-contaminated sand and till with the spectral induced polarization (sip) method[J]. Geophysical Prospecting, 1997, 45(2): 303-326.

[21] VANHALLA H, SOININEN H. Spectral-induced polarization method at the keivitsa Ni－Cu deposit, northern Finland[C]// SEG Technical Program Expanded Abstracts 1994. Society of Exploration Geophysicists. 1994, 516-519.

[22] VANHALA H, PELTONIEMI M. Spectral IP studies of Finnish ore prospects [J]. GEOPHYSICS, 1992, 57(12): 1545-1555.

[23] NELSON P H. Induced-polarization effects from grounded structures[J]. GEOPHYSICS, 1977, 42(6): 1241-1253.

[24] ZHANG G Q, LUO Y Z. The application of IP and resistivity methods to detect underground metal pipes and cables [M]//Geotechnical and Environmental Geophysics: Volume I, Review and Tutorial. Society of Exploration Geophysicists, 1990: 239-248.

[25] GHALLOF P, YAMASHITA M. The use of the IP method to locate gold-bearing sulfide mineralization[C]// WARD S H. Induced polarization. Society of Exploration Geophysicists. 1990, 227-279.

[26] 席振铢, 张友山, 张宪润. 运用对称四极测深研究层状极化介质频谱特征[J]. 中南工业大学学报(自然科学版), 2003, 34(1): 8-10.

[27] GUPTASARMA D. True and apparent spectra of buried polarizable targets[J]. GEOPHYSICS, 1984, 49(2): 171-176.

[28] PELTONIEMI M P, VANHALA H T. Spectral IP in the frequency and time-domains: comparative study of six Ore prospects in Finland[C]//SEG Technical Program Expanded Abstracts 1992. Society of Exploration Geophysicists, 1992: 416-419.

[29] RYJOV A A. Efficiency of IP method at the search of petroleum deposits[C]// 58th EAGE Conference and Exhibition. Netherlands: EAGE Publications BV, 1996: 78-78.

[30] SEIGEL H O, VANHALA H, SHEARD S N. Some case histories of source discrimination using time-domain spectral IP[J]. GEOPHYSICS, 1997, 62(5): 1394-1408.

[31] SLATER L D, SANDBERG S K. Resistivity and induced polarization monitoring of salt transport under natural hydraulic gradients[J]. GEOPHYSICS, 2000, 65(2): 408-420.

[32] 张宪润, 陈儒军. 激电相对相位法区分矿与非矿异常的成功实例[J]. 物探与化探, 1998, 22(4): 251-254.

[33] 何继善, 鲍光淑, 温佩琳, 等. 双频道激电法研究[M]. 长沙: 湖南科学技术出版社, 1989.

[34] 何继善, 鲍光淑, 张友山, 等. 双频道数字激电仪[M]. 长沙: 中南工业大学出版社, 1988.

[35] 白宜诚, 崔燕丽, 浦慧如. SQ 型双频道激电仪的研制[J]. 物探与化探, 2002, 26(6): 457-460.

[36] 何继善, 柳建新. 伪随机多频相位法及其应用简介[J]. 中国有色金属学报, 2002, 12(2): 374-376.

[37] HE J S. Frequency domain electrical methods employing special waveform field sources[C]//

SEG Technical Program Expanded Abstracts 1997. Society of Exploration Geophysicists, 1997: 338-341.

[38] 何继善. 2n 系列伪随机信号及应用[C]// 中国地球物理学会第 14 届年会(1998). 西安: 西安地图出版社, 1998: 237.

[39] 何继善. 伪随机三频电法研究[J]. 中国有色金属学报, 1994, 4(1): 1-7.

[40] 柳建新, 何继善, 白宜诚, 等. 一种区分矿与非矿的有效方法: 伪随机多频相位法原理及 其应用[J]. 中国地质, 2001, 28(9): 41-46.

[41] 张友山, 何继善. 三频激电相对相位观测法[J]. 中南矿冶学院学报, 1994, 25(4): 417-421.

[42] 张友山, 何继善. 伪随机三频波激电法[J]. 中南工业大学学报, 1995, 26(2): 157-161.

[43] 付国红, 何继善, 陈一平, 等. 检测双频激电仪性能的一种简易 RC 网络[J]. 物探与化 探, 2004, 28(5): 431-432, 435.

[44] 陈儒军, 何继善, 白宜诚, 等. 双频激电仪的建模与仿真分析[J]. 物探化探计算技术, 2003, 25(4): 289-297.

[45] 陈儒军, 何继善, 白宜诚, 等. 多频激电相对相位谱研究[J]. 中南大学学报(自然科学 版), 2004, 35(1): 106-111.

[46] 张宪润, 周文斌, 夏训银. 多频激电相对相位的物理模拟[J]. 中南工业大学学报(自然 科学版), 2001, 32(2): 115-117.

[47] 夏训银. 多频激电相对相位法数值模拟和物理模拟研究[D]. 长沙: 中南大学, 2000.

[48] 张友山, 柳建新. 跟踪斩波抗耦研究[J]. 地学仪器, 1995(2): 11-16.

[49] 戴前伟, 冯德山, 汤井田, 等. 物探仪器中的 GPS 集成[J]. 物探与化探, 2003, 27(1): 59-62.

[50] 张友山, 王鹤, 王文. 精密相干检测法研究[J]. 中南工业大学学报(自然科学版), 2003, 34(1): 5-7.

[51] HALLOF P G. The ip phase measurement and inductive coupling[J]. GEOPHYSICS, 1974, 39(5): 650-665.

[52] JOHNSON I M. Spectral induced-polarization parameters as determined through time-domain measurements[J]. Exploration Geophysics, 1984, 15(4): 266.

[53] JOHNSON I M. Spectral IP parameters derived from time-domain measurements[C]// WARD S H. Induced polarization. Society of Exploration Geophysicists. , 1990, 57-78.

[54] 鲍光淑, 何继善. 多参数频率域激电观测系统的研究[J]. 地学仪器, 1995(2): 5-10.

[55] 常欣, 邓明. DDJ-1 型多功能激电仪[J]. 地学仪器, 1994(3): 18-20.

[56] 曹岩, 曹印三. DD-1 型大功率电磁频测仪[J]. 地学仪器, 1995(2): 26-28.

[57] 陈鸿志. DW-1 型大功率直流电测仪—找水专用新仪器[J]. 地学仪器, 1997(3): 8-12.

[58] 冯永江, 付志红. DJD6-1 型多道激电仪[J]. 地学仪器, 1994(3): 33-36.

[59] 谢捷生. JJ-6 型微机激电仪[J]. 地学仪器, 1994(2): 17-21.

[60] 瞿德福, 张云尔. 概述我国激电仪行业标准和国内外仪器水平[J]. 国外地质勘探技术,

1996(6)：12-22.

［61］慕文斋, 刘静. 相位激电法中相角 ψ_s 测量方法纵横谈[J]. 地学仪器, 1996(3)：13-19.

［62］Seigel H O, Ehrat R, Brcic I. A microprocessor based multichannel time-domain IP receiver [C]//WARD S H. Induced polarization. Society of Exploration Geophysicists, 91-103.

［63］马明建, 周长城. 数据采集与处理技术[M]. 西安：西安交通大学出版社, 1998.

［64］谢捷生. 我国时间域激电仪的发展过程及现状[J]. 地学仪器, 1996(1)：7-10.

［65］张友山, 何继善. DF-1 微机程控多功能大功率发送机的研制[J]. 物探与化探, 1995, 19(2)：142-147.

［66］徐世浙. 地球物理中的有限单元法[M]. 北京：科学出版社, 1994.

［67］阮百尧. 三角单元部分电导率分块连续变化点源二维电场有限元数值模拟[J]. 广西科学, 2001, 8(1)：1-3.

［68］刘海飞, 柳建新. 数值计算与程序设计（地球物理类）[M]. 长沙：中南大学出版社, 2021.

［69］William H P, Teukolsky S A, William F V, et al. Numerical Recipes：The Art of Scientific Computing[M]. London：Cambridge University Press, 1992.

［70］阮百尧, 村上裕, 徐世浙. 激发极化数据的最小二乘二维反演方法[J]. 地球科学, 1999, 24(6)：619-624.

［71］SEIGEL H O. Mathematical formulation and type curves for induced polarization [J]. GEOPHYSICS, 1959, 24(3)：547-565.

［72］OLDENBURG D W, LI Y G. Inversion of induced polarization data[J]. GEOPHYSICS, 1994, 59(9)：1327-1341.

［73］刘海飞, 柳建新, 阮百尧, 等. 垂直激电测深二维自适应正则化反演[J]. 同济大学学报（自然科学版）, 2009, 37(12)：1685-1690.

［74］TRIPP A C, HOHMANN G W, SWIFT C M Jr. Two-dimensional resistivity inversion[J]. Exploration Geophysics, 1984, 15(3)：194.

［75］阮百尧. 视电阻率对模型电阻率的偏导数矩阵计算方法[J]. 地质与勘探, 2001, 37(6)：39-41.

［76］袁亚湘, 孙文瑜. 最优化理论与方法[M]. 北京：科学出版社, 1997.

［77］周竹生, 赵荷晴. 广义共轭梯度算法[J]. 物探与化探, 1996, 20(5)：351-358.

［78］柳建新, 刘春明, 佟铁钢, 等. 双频激电法在西藏某铜多金属矿带的应用[J]. 地质与勘探, 2004, 40(2)：59-61.

［79］柳建新, 何继善, 张宗岭, 等. 双频激电法及其在示范区的应用[J]. 中国地质, 2001, 28(3)：32-39, 31.

［80］白宜诚, 佟铁钢, 罗维斌, 等. 双频道激电法在我国西部特殊地貌景观条件下的应用[J]. 矿产与地质, 2005, 19(1)：72-77.

［81］白宜诚, 左恒, 罗维斌. 双频激电在普查找矿工作中应注意的几个技术问题[J]. 矿产与地质, 2003, 17(S1)：451-454.

图书在版编目(CIP)数据

西部特殊地貌景观区双频激电法方法及应用研究 /
柳建新等著. —长沙：中南大学出版社，2022.12
（有色金属理论与技术前沿丛书）
ISBN 978-7-5487-5223-3

Ⅰ. ①西… Ⅱ. ①柳… Ⅲ. ①地貌—自然景观—激发
极化法—研究—中国 Ⅳ. ①P942②P631.3

中国版本图书馆 CIP 数据核字(2022)第 229363 号

西部特殊地貌景观区双频激电法方法及应用研究
XIBU TESHU DIMAO JINGGUANQU SHUANGPIN JIDIANFA FANGFA JI YINGYONG YANJIU

柳建新 刘海飞 刘春明 曹创华 著

□出 版 人	吴湘华	
□责任编辑	刘小沛 杨 贝	
□责任印制	唐 曦	
□出版发行	中南大学出版社	
	社址：长沙市麓山南路	邮编：410083
	发行科电话：0731-88876770	传真：0731-88710482
□印 装	湖南省众鑫印务有限公司	

□开 本	710 mm×1000 mm 1/16	□印张 13.5	□字数 268 千字
□互联网+图书	二维码内容 字数 1 千字 图片 28 张		
□版 次	2022 年 12 月第 1 版	□印次 2022 年 12 月第 1 次印刷	
□书 号	ISBN 978-7-5487-5223-3		
□定 价	78.00 元